Wiederholungsprogramm
Gleichungen und Funktionen

von Dr. Edith Berane,
Dr. Karl-Heinz Gärtner
und Prof. Dr. sc. phil. Heinz Lohse

3. Auflage
Mit 92 Bildern

VEB Fachbuchverlag
Leipzig

Dieses Wiederholungsprogramm entstand unter Federführung von Frau Dr. Edith Berane, Technische Universität Karl-Marx-Stadt, sowie der Herren Dr. Karl-Heinz Gärtner, Bergakademie Freiberg, und Prof. Dr. sc. phil. Heinz Lohse, Technische Universität Dresden.

und unter Mitarbeit folgender Autoren:

Karl Donner, Bergakademie Freiberg
Walter Henkel, Bergakademie Freiberg
Henry Knorr, Technische Universität Karl-Marx-Stadt
Friedmar Lowke, Technische Universität Karl-Marx-Stadt
Iris Paul, Technische Universität Karl-Marx-Stadt
Dieter Schraps, Technische Universität Karl-Marx-Stadt
Helga Suschke, Bergakademie Freiberg
Heinz Zinke, Technische Universität Karl-Marx-Stadt

Berane, Edith:
Wiederholungsprogramm Gleichungen und Funktionen /
von Edith Berane ; Karl-Heinz Gärtner ; Heinz Lohse.
– 3. Aufl. – Leipzig : Fachbuchverl., 1988. – 214 S.
: 92 Bild.
NE : 2. Verf. : ; 3. Verf. :

ISBN 3 – 343 – 00231 – 3

© VEB Fachbuchverlag Leipzig 1988
3. Auflage
Lizenznummer 114 - 210/9/88
LSV 1003
Verlagslektoren : Helga Fago, Heinz Waurick
Gestaltung : Renate Schiwek
Printed in GDR
Satz : Fachbuchdruck Naumburg
Fotomechanischer Nachdruck : Druckhaus Freiheit Halle
Redaktionsschluß : 15. 3. 1987
Bestellnummer : 546 528 2
00780

Vorwort

Das Wiederholungsprogramm Gleichungen und Funktionen ist hervorgegangen aus programmierten Übungsmaterialien, die an den Sektionen Mathematik der Technischen Hochschule Karl-Marx-Stadt und der Bergakademie Freiberg in Zusammenarbeit mit dem Forschungszentrum für Theorie und Methodologie der Programmierung von Lehr- und Lernprozessen an der Karl-Marx-Universität Leipzig entwickelt, erprobt, mehrfach überarbeitet und seit Jahren erfolgreich eingesetzt worden sind.

Es hat sich gezeigt, daß das Wiederholungsprogramm den zukünftigen Studenten den Übergang von der Schule zur Hoch- oder Fachschule wesentlich erleichtert. Das trifft vor allem auf diejenigen zu, die das Studium erst nach Absolvierung ihres Ehrendienstes in der NVA oder nach einer gewissen Zeit des Praxiseinsatzes beginnen. Aber auch diejenigen, die ihr Studium unmittelbar nach dem Abitur aufnehmen, finden im Wiederholungsprogramm die notwendige Grundlage für einen erfolgreichen Start ihres Studiums, ganz gleich, welche der vielen Fachrichtungen sie einschlagen, bei denen Mathematik als Haupt- oder Nebenfach im Ausbildungsprogramm verankert ist.

Das Wiederholungsprogramm ist den Mathematik-Lehrplänen der allgemeinbildenden und der erweiterten Oberschule (Ausgabe 1979) voll angepaßt. Der Lehrinhalt ist nach fachlichen, pädagogischen und lernpsychologischen Gesichtspunkten in Lehrschritte aufgeteilt.

Am Anfang eines jeden Teilabschnitts kann der Lernende anhand einer Vorkontrolle sein Wissen und Können überprüfen und am Ergebnis der Kontrollen beurteilen, ob der betreffende Abschnitt von ihm durchzuarbeiten ist oder ob er ihn überspringen kann. An ausgewählten Stellen findet der Leser Leistungskontrollen mit Selbstbewertung, die ihm helfen, den Stand seiner mathematischen Kenntnisse und Fertigkeiten einzuschätzen.

Die Verfasser sind davon überzeugt, daß der umfassende Einsatz des Wiederholungsprogramms im Rahmen der Studienvorbereitung und während der ersten Studienwochen einen Beitrag liefern wird zur weiteren Steigerung der Effektivität von Bildung und Erziehung im Hoch- und Fachschulwesen der Deutschen Demokratischen Republik.

Dem VEB Fachbuchverlag ist herzlich zu danken für die stete Unterstützung und helfende Beratung bei der Entstehung des Buches.

Kritische Hinweise zur Auswahl des Stoffes und zur methodischen Gestaltung nehmen die Autoren gern entgegen.

Heinz Lohse
im Namen der Autoren

Inhaltsverzeichnis

Voraussetzungen für die erfolgreiche Abarbeitung des Wiederholungsprogramms:

Mathematik-Abschluß Klasse 12; wesentliche Teile können bereits mit dem Abschluß Klasse 10 bewältigt werden.
Als Arbeitsmittel sollte eine Zahlentafel zur Verfügung stehen. Als zusätzliche Literatur können die Mathematiklehrbücher der Klassen 9—12 verwendet werden.

Das Programm richtet sich vorwiegend an:

- Studienbewerber an Hoch- oder Fachschulen (einschließlich Ingenieurschulen)
- Studenten aller mathematischen, naturwissenschaftlichen, technischen, ökonomischen, medizinischen, landwirtschaftlichen und pädagogischen Fachrichtungen
- Studenten an Ingenieur- und Fachschulen
- Studierende aus dem Ausland
- Schüler der 11. und 12. Klassen
- Teilnehmer an Volkshochschullehrgängen zur Vorbereitung auf das Abitur
- Werktätige, die Qualifizierungslehrgänge an Betriebsakademien und ähnlichen Einrichtungen besuchen

Hinweise zur Arbeit mit dem Wiederholungsprogramm

Die Arbeit mit dem Wiederholungsprogramm soll es Ihnen ermöglichen, Ihre Kenntnisse über Gleichungen, Ungleichungen und Funktionen zu festigen und Ihre Fähigkeiten und Fertigkeiten für das Lösen damit verbundener Aufgaben zu vertiefen.
Sie werden diese Aufgaben erfolgreich meistern, wenn Sie ehrlich arbeiten und stets aktiv mitdenken. Gehen Sie deshalb den für Sie durch Ihren jeweiligen Kenntnisstand bestimmten Weg!

Zur Führung durch das Programm werden folgende Symbole verwendet:

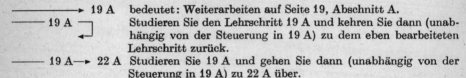

⟶ 19 A	bedeutet: Weiterarbeiten auf Seite 19, Abschnitt A.
── 19 A ⟶	Studieren Sie den Lehrschritt 19 A und kehren Sie dann (unabhängig von der Steuerung in 19 A) zu dem eben bearbeiteten Lehrschritt zurück.
── 19 A ⟶ 22 A	Studieren Sie 19 A und gehen Sie dann (unabhängig von der Steuerung in 19 A) zu 22 A über.

Am Anfang eines jeden Abschnitts sind die Ziele formuliert, die Sie mit dem Durcharbeiten des betreffenden Programmteils erreichen werden.
Führen Sie die Ihnen im Programm erteilten Aufträge gewissenhaft aus! Fehlende Begriffe sind zu ergänzen; Sie erkennen diese Leerstellen an Lücken der Form ....
Lösen Sie die Ihnen gestellten Aufgaben selbständig und schauen Sie erst danach zu den Ergebnissen. Gehen Sie erst dann zum nächsten Lehrschritt über, wenn Sie wirklich alles verstanden haben! Sollten Ihnen bei der Arbeit Fehler unterlaufen, dann korrigieren Sie diese bitte sofort entsprechend der gegebenen Hinweise. Auch dann, wenn Ihnen das selbständige Arbeiten schwerfällt, ist es besser, daran festzuhalten.
Sie sollten also möglichst wenig Hilfen in Anspruch nehmen. Für Ihre eigenen Notizen und Rechnungen verwenden Sie bitte ein Arbeitsheft. Wenn Sie dieses sauber und übersichtlich gestalten, kann es Ihnen später als Merkheft dienen. Es fördert Ihr bewußtes Lernen, wenn Sie Fragen, die Sie sich selbst stellen, und Schlußfolgerungen, die Sie ziehen, darin festhalten.
Beginnen Sie mit dem Durcharbeiten auf Seite 7.

Wir wünschen Ihnen für die Arbeit Freude und viel Erfolg!

Vorbereitungen zu Gleichungen und Ungleichungen

Von Ihrer bisherigen Ausbildung müßten Ihnen bereits folgende Begriffsbildungen bekannt sein:

1. **Terme** T_1, T_2, ... sind Ziffern, Variablen oder sinnvolle Zusammensetzungen aus ihnen mit Hilfe von Operationszeichen (z. B. „$+$"; „$\cdot$"; ...) und technischen Zeichen (z. B. Klammern, Semikolon, Kommata).

2. **Gleichungen** haben die Form $T_1 = T_2$,
   Ungleichungen die Form $T_1 < T_2$, $T_1 \leq T_2$, $T_1 > T_2$ oder $T_1 \geq T_2$. In diesem Programm betrachten wir Gleichungen und Ungleichungen, bei denen wenigstens einer der Terme mindestens eine Variable enthält.

3. Für jede der in der Gleichung oder Ungleichung enthaltenen **Variablen** muß festgelegt werden, welcher Zahlenbereich zugrunde liegen soll und welche Zahlen daraus zugelassen werden können. Die Menge dieser *zugelassenen* Zahlen nennen wir **Grundbereich** D. Beim Bestimmen des Grundbereichs D legen wir im allgemeinen die Menge der reellen Zahlen P zugrunde, sofern nichts anderes vereinbart wird.

4. Alle Elemente des Grundbereichs, die die gegebene Gleichung oder Ungleichung beim Einsetzen zu einer wahren Aussage werden lassen, heißen **Lösungen** dieser Gleichung bzw. Ungleichung. Die Menge aller Lösungen einer Gleichung bzw. Ungleichung wird als **Lösungsmenge** L bezeichnet.

Im folgenden sollen nun Lösungsmengen von Gleichungen und Ungleichungen ermittelt werden.
Dabei kommt es nicht nur darauf an, Lösungen durch formales Umformen zu gewinnen, sondern ganz allgemein auf möglichst geschickte Weise die Lösungsmenge zu ermitteln.

Dazu ein Beispiel:
Die Gleichung $5 + \sqrt{x + 5} = 2$ mit dem Grundbereich $D: -5 \leq x$ kann keine Lösung haben, da der auf der linken Seite der Gleichung stehende Term für alle $x \in D$ Werte annimmt, die größer oder gleich 5 sind. Durch formales Umformen kommt man zur „Lösung" $x = 4$. Die Probe zeigt, daß dies keine Lösung ist, obwohl kein Rechenfehler vorliegt.
Zur Ermittlung der Lösungen von Gleichungen und Ungleichungen durch formales Umformen ist Ihnen folgendes bekannt:

1. Sind die Lösungsmengen zweier Gleichungen bzw. Ungleichungen (etwa vor und nach einer Umformung) gleich, so sind diese Gleichungen bzw. Ungleichungen *einander äquivalent*.

2. Durch Anwendung der folgenden Umformungsregeln erhält man eine zu einer Gleichung bzw. Ungleichung äquivalente Gleichung bzw. Ungleichung.

Vor der Umformung	Nach der Umformung
$T_1 = T_2$	$T_1 \pm T_3 = T_2 \pm T_3$
$T_1 < T_2$	$T_1 \pm T_3 < T_2 \pm T_3$
$T_1 = T_2$	$T_1 \cdot T_3 = T_2 \cdot T_3,$ wenn $T_3 \neq 0$
$T_1 < T_2$	$T_1 \cdot T_3 < T_2 \cdot T_3,$ wenn $T_3 > 0$
	$T_1 \cdot T_3 > T_2 \cdot T_3,$ wenn $T_3 < 0$
$T_1 = T_2$	$T_1 : T_3 = T_2 : T_3,$ wenn $T_3 \neq 0$
$T_1 < T_2$	$T_1 : T_3 < T_2 : T_3,$ wenn $T_3 > 0$
	$T_1 : T_3 > T_2 : T_3,$ wenn $T_3 < 0$
$T_1 = T_2$	$\log_a T_1 = \log_a T_2,$ wenn $T_1 > 0$ und $T_2 > 0$
$T_1 = T_2$	$a^{T_1} = a^{T_2},$ wobei $a > 0;\ a \neq 1$.

Beim Lösen von Wurzelgleichungen werden wir auf das Potenzieren nicht verzichten können.
Wird eine Gleichung wenigstens einmal mit einer positiven ganzen Zahl n potenziert, so daß aus

$$T_1 = T_2 \quad \text{folgt} \quad T_1^n = T_2^n,$$

so ist für die erhaltenen „Lösungen" der Gleichung die Probe in $T_1 = T_2$ durchzuführen, um eventuell auftretende Scheinlösungen zu eliminieren.
Unter bestimmten Bedingungen führt auch eine solche Umformung einer Gleichung auf eine zu ihr äquivalente Gleichung, so daß z. B. bei Wurzelgleichungen unter Beachtung dieser Bedingungen das Durchführen der Probe keine mathematische Notwendigkeit ist.

————————▶ 9 A

1. Quadratische Gleichungen und solche, die sich auf quadratische Gleichungen zurückführen lassen

9 A

In diesem Programmabschnitt werden Sie befähigt, quadratische Gleichungen, Gleichungen mit Brüchen und Wurzelgleichungen fehlerfrei zu lösen. Nach gewissenhaftem Durcharbeiten des Abschnitts wird Ihnen

– das Zusammenfassen und Vereinfachen gebrochen-rationaler Terme,
– der Gebrauch der binomischen Formeln,
– die Ausführung der Division von Summen (Partialdivision),
– das Anwenden der Potenz- und Wurzelgesetze
keine Schwierigkeiten bereiten.

──────────▶ 9 B

9 B

Der richtige Umgang mit rationalen Termen ist eine wichtige Voraussetzung für das Lösen von Gleichungen. Überprüfen Sie deshalb anhand der nachfolgenden Aufgaben, ob Sie die Bruchrechnung und die Partialdivision beherrschen und die binomischen Formeln anwenden können! Schauen Sie erst dann zu den Ergebnissen, wenn Sie alle Aufgaben gelöst haben!

Vorkontrolle V1 zu Bruchrechnung

Vereinfachen Sie weitgehend:

1. $\dfrac{\dfrac{1}{x-y} + \dfrac{1}{x+y}}{\dfrac{1}{x-y} - \dfrac{1}{x+y}}$

2. $\left(\dfrac{x-y}{a+b}\right)^2 \left(\dfrac{a^2-b^2}{x^2-y^2}\right)^2$

3. $\dfrac{1}{x} - \dfrac{1}{x-1} + \dfrac{1}{x^2}$

Führen Sie die Partialdivision aus:

4. $(u^3 - v^3) : (u - v)$

5. $\dfrac{49a^2 - 25x^2 - 9b^2 - 30bx}{5x + 7a + 3b}$

──────────▶ 11 A

9 C

Vereinfachen Sie

$\dfrac{\dfrac{a+1}{a-1} - 1}{1 + \dfrac{a+1}{a-1}}$

Überlegen Sie an jeder Stelle, welche der in 10 A angegebenen Definitionen verwendet werden!

──────────▶ 11 B

10 A

Folgende Grundlagen müssen Sie beherrschen, wenn Sie mit Brüchen rechnen wollen:

Addition und Subtraktion
– gleichnamiger Brüche

$$\frac{a}{c} \pm \frac{b}{c} = \frac{a \pm b}{c} \qquad (1)$$

– ungleichnamiger Brüche

$$\frac{a}{c} \pm \frac{b}{d} = \frac{ad \pm bc}{cd} \qquad (2)$$

d. h., ungleichnamige Brüche müssen vor Addition bzw. Subtraktion gleichnamig gemacht werden.

Unter den gemeinsamen Vielfachen der beiden Nenner ist der Hauptnenner das **kleinste** gemeinsame Vielfache. Der Hauptnenner gestattet ein besonders rationelles Rechnen.

Multiplikation

$$\frac{a}{b} \cdot \frac{c}{d} = \frac{ac}{bd} \qquad (3)$$

Division

$$\frac{a}{b} : \frac{c}{d} = \frac{ad}{bc} \qquad (4)$$

Sie können jetzt die erste Aufgabe lösen   ⟶ 9 C
oder sich erst ein vorgerechnetes Beispiel ansehen.   ⟶ 10 B

10 B

Vereinfachen Sie

$$\frac{\dfrac{3}{xy} - \dfrac{5}{y}}{\dfrac{3}{y} - \dfrac{5}{x}}$$

Lösungsweg:

$$\frac{\dfrac{3}{xy} - \dfrac{5}{y}}{\dfrac{3}{y} - \dfrac{5}{x}} = \frac{\dfrac{3 - 5x}{xy}}{\dfrac{3x - 5y}{xy}} \qquad \text{gemäß (2)}$$

$$= \frac{(3 - 5x)\, xy}{xy\, (3x - 5y)} \qquad \text{gemäß (4)} \qquad \text{Selbstverständlich kürzt man hier noch.}$$

$$= \frac{3 - 5x}{3x - 5y}$$

Weiteres Kürzen ist nicht mehr möglich.   ⟶ 9 C

11 A

Kontrollieren Sie, ob Sie die richtigen Ergebnisse erhalten haben!

1. $\dfrac{x}{y}$ 2. $\left(\dfrac{a-b}{x+y}\right)^2$ 3. $-\dfrac{1}{x^2(x-1)}$

4. $u^2 + uv + v^2$ 5. $7a - 3b - 5x$

Wenn Ihre Ergebnisse mit den hier angegebenen übereinstimmen, ist es nicht erforderlich, daß Sie den folgenden Abschnitt durcharbeiten. Sie können sich deshalb sofort mit Gleichungen, die sich auf quadratische Gleichungen zurückführen lassen, beschäftigen. Arbeiten Sie weiter so gewissenhaft! ——————————→ 20 A

Sie konnten nur die Aufgaben 4. und 5. nicht lösen. ——————→ 18 A

Wenn Sie auch andere Aufgaben nicht lösen konnten, dann arbeiten Sie den folgenden Programmabschnitt durch. Ihre sorgfältige Arbeit wird sich nicht nur beim Durcharbeiten des vorliegenden Programms, sondern auch für das zukünftige Studium positiv auswirken. ——————————→ 10 A

11 B

Sie erhielten

$\dfrac{1}{a}$, $a \neq 0$ ——————————→ 12 F

0 ——————————→ 13 A

ein anderes Ergebnis. Offensichtlich haben Sie sich verrechnet. Sehen Sie sich noch einmal gründlich an, wie Doppelbrüche umgeformt und vereinfacht werden! ——————→ 10 B

11 C

Da Sie nicht zur Lösung gelangt sind, beachten Sie

$u^2 - v^2 = (u+v)(u-v)$ und $4u + 2v = 2(2u+v)$.

Nun können Sie kürzen. Lösen Sie die Aufgabe noch einmal! ——————→ 12 G

11 D

Sie hatten den Hauptnenner bereits bestimmt. Ihnen können nur elementare Rechenfehler unterlaufen sein. Kontrollieren Sie Ihre Rechnung, und vergleichen Sie erneut! ——————→ 15 E

12 A

Sie haben falsch gekürzt.
Beachten Sie binomische Formeln!
Lösen Sie deshalb die Aufgabe noch einmal! $\longrightarrow$ 12 G

---

12 B

Das ist nicht das gesuchte Ergebnis. Sie haben erkannt, daß sich der Nenner $(1-a)$ als $-1\,(a-1) = -(a-1)$ darstellen läßt. Der von Ihnen ermittelte Nenner ist nicht das kleinste gemeinsame Vielfache und damit nicht der Hauptnenner.

$\longrightarrow$ 15 A

---

12 C

Da Sie nicht zum richtigen Ergebnis gelangt sind, nehmen wir an, daß Sie sich nur verrechnet haben. Kontrollieren Sie noch einmal sorgfältig Ihre Rechnung!

$\longrightarrow$ 14 B

---

12 D

Ihr Ergebnis ist richtig. $\longrightarrow$ 12 E

---

12 E

Fassen Sie zusammen, und vereinfachen Sie

$$\frac{1}{x+1} + \frac{1}{1-x} - \frac{2}{1+x^2}.$$ $\longrightarrow$ 14 B

---

12 F

Ihr Ergebnis ist richtig. $\longrightarrow$ 12 G

---

12 G

Vereinfachen Sie

$$\frac{2u+v}{u-v} \cdot \frac{u^2-v^2}{4u+2v}.$$ $\longrightarrow$ 14 A

---

12 H

Ihr Ergebnis ist falsch. Nach dem Gleichnamigmachen der Brüche ist Ihnen ein Vorzeichenfehler unterlaufen. Gewiß werden Sie Ihren Fehler selbst korrigieren können.

$\longrightarrow$ 14 B

13 A

Ihr Ergebnis ist falsch. Ihnen ist ein Vorzeichenfehler unterlaufen. Beachten Sie:

$$\frac{a+1}{a-1} - 1 = \frac{a+1}{a-1} - \frac{a-1}{a-1} = \frac{a+1-(a-1)}{a-1} .$$

Lösen Sie mit diesem Hinweis die Aufgabe noch einmal! —————→ 9 C

13 B

Sie haben gegen das Distributivgesetz verstoßen. Lösen Sie die Aufgabe noch einmal, und beachten Sie

$$(a + b)(c + d) = ac + bc + ad + bd .$$

—————→ 12 G

13 C

Ihr Ergebnis ist richtig. Beachten Sie im folgenden Beispiel zum Bilden des Hauptnenners die binomischen Formeln!
Zu vereinfachen ist

$$\frac{a}{a^2 - 2ab + b^2} - \frac{a}{a^2 - b^2} + \frac{1}{a+b} .$$

Lösungsweg:

$$\frac{a}{a^2 - 2ab + b^2} - \frac{a}{a^2 - b^2} + \frac{1}{a+b}$$

$$= \frac{a}{(a-b)^2} - \frac{a}{(a+b)(a-b)} + \frac{1}{a+b}$$

$$= \frac{a(a+b) - a(a-b) + (a-b)^2}{(a-b)^2 \cdot (a+b)}$$

$$= \frac{a^2 + ab - a^2 + ab + a^2 - 2ab + b^2}{(a-b)^2(a+b)}$$

$$= \frac{a^2 + b^2}{(a-b)^2(a+b)}$$

—————→ 15 A

13 D

Das ist keine Vereinfachung. Sie haben nicht erkannt, daß nach Ausklammern und Anwenden binomischer Formeln gekürzt werden kann! —————→ 12 G

13 E

Ihr Ergebnis ist falsch. Beachten Sie, daß vor dem letzten Bruch ein Minuszeichen steht! —————→ 12 E

14 A

Sie haben als Ergebnis

$$\frac{u-v}{2}$$

———————→ 12 A

$$\frac{2u^3-v^3}{4u^2-2v^2}$$

———————→ 13 B

$$\frac{u+v}{2}$$

———————→ 12 D

$$\frac{2u^3+u^2v-2uv^2-v^3}{4u^2-2uv-2v^2}$$

———————→ 13 D

Sie sind zu keinem der angegebenen Ergebnisse gekommen. ———————→ 11 C

14 B

Sie haben

0

———————→ 12 H

$$\frac{4x^2}{1-x^4}$$

———————→ 13 C

$$\frac{4}{1-x^4}$$

———————→ 13 E

$$\frac{4x^2}{(1+x)(1-x)(1+x^2)}$$

———————→ 16 A

keines der angegebenen Ergebnisse ———————→ 12 C

14 C

Sie haben

$$\frac{(a+b)^2}{a^2+b^2}$$

———————→ 16 E

1

———————→ 16 B

$$\frac{2ab}{a^2+b^2}+1$$

———————→ 17 B

ein anderes Ergebnis ———————→ 14 D

14 D

Ihr Ergebnis ist falsch. Wenn Sie den Nenner des ersten Bruches in Faktoren zerlegen und diesen Bruch kürzen, wird die Aufgabe sehr einfach. ———————→ 16 D

15 A

Fassen Sie zusammen, und vereinfachen Sie

$$\frac{2}{(a-1)^3} + \frac{1}{(a-1)^2} - \frac{2}{1-a} - \frac{1}{a}.$$

──────────► 17 A

15 B

Ihr Ergebnis ist richtig.
Bestimmen Sie nun den Hauptnenner von Brüchen, deren einzelne Nenner
$(x^2 + xy)$, $(xy + y^2)$, (xy) lauten!

──────────► 17 C

15 C

Gewiß haben Sie das richtige Ergebnis
$x^2 - 4x - 2$ erhalten.

──────────► 16 G

15 D

Ihr Ergebnis ist falsch. Zum Bilden des Hauptnenners müssen Sie den zweiten Bruch
mit (-1) erweitern. Führen Sie das aus, und rechnen Sie die Aufgabe zu Ende!

──────────► 19 B

15 E

Sie haben

$$\frac{7y^2 - 7x^2 + 3x + 3y}{xy(x+y)}$$

──────────► 17 D

$$\frac{7y - 7x + 3}{xy}$$

──────────► 16 C

ein anderes Ergebnis

──────────► 11 D

15 F

Lösen Sie zur Übung die folgenden Aufgaben!
Fassen Sie zusammen, und vereinfachen Sie

1. $\dfrac{4xy}{y^2 + 2y + 1} : \dfrac{yx - x}{y^2 - 1}$

2. $\dfrac{1}{x} + \dfrac{x+1}{x^2 - x} - \dfrac{x-1}{x^2 + x} - \dfrac{4}{x^2 - 1}$

3. $\dfrac{\dfrac{1}{}}{\dfrac{1}{x} - \dfrac{1}{x-1} - \dfrac{1}{x-2}}$

──────────► 16 F

16 A

Ihr Ergebnis ist zwar richtig, der Nenner läßt sich jedoch noch zusammenfassen.
Führen Sie das aus!

——————————→ 14 B

---

16 B

Ihr Ergebnis ist falsch: $a^2 + b^2 \neq (a + b)^2$.
Korrigieren Sie Ihren Fehler!

——————————→ 14 C

---

16 C

Ihr Ergebnis ist richtig.

——————————→ 16 D

---

16 D

Vereinfachen Sie

$$\left[\frac{2ab(a+b)}{a^2 - b^2} + \frac{a^2 + b^2}{a - b} \right] : \frac{a^2 + b^2}{a - b}$$

——————————→ 14 C

---

16 E

Ihr Ergebnis ist richtig.
Wenn Sie zur Übung noch einige Aufgaben lösen wollen,

——————————→ 15 F

sonst

——————————→ 18 A

---

16 F

Sie müssen erhalten haben

1. $\dfrac{4y}{y + 1}$,　2. $\dfrac{1}{x}$,　3. $\dfrac{x(x - 1)\ (x - 2)}{2 - x^2}$

——————————→ 18 A

---

16 G

Lösen Sie folgende Aufgaben:

1. $(6a^3 - 3a^2b + 4ab - 2b^2 + 2a - b) : (2a - b)$
2. $(4x^5 + 7x^4 - 9x^3 - 2x^2 + 23x - 3) : (4x^2 + 7x - 1)$
3. $(a^4 - 16) : (2 - a)$

——————————→ 18 B

---

16 H

Das ist nicht das gesuchte Ergebnis. Sie können im Zähler noch $(-a)$ ausklammern und den Bruch kürzen. Schneller wären Sie zum Ziel gekommen, wenn Sie als Nenner das kleinste gemeinsame Vielfache der einzelnen Nenner verwendet hätten.

——————————→ 19 B

17 A

Sie haben

$$\frac{-a^6 + 3a^5 - 3a^4 + 3a^2 - 3a + 1}{(a-1)^5 \; (1-a)a}$$

⟶ 18 C

$$\frac{a^3 + 1}{a(a-1)^3}$$

⟶ 15 B

$$\frac{-a^4 + a^3 - a + 1}{(a-1)^3 \; (1-a)a}$$

⟶ 12 B

ein anderes Ergebnis

⟶ 19 A

17 B

Ihr Ergebnis ist richtig. Die Addition der beiden Summanden ergibt

$$\frac{(a+b)^2}{a^2 + b^2} \; .$$

⟶ 15 F

17 C

Der gesuchte Hauptnenner ist, wie Sie sich leicht überlegen können, $xy \, (x+y)$. Fassen Sie nun die folgenden Brüche zusammen:

$$\frac{7y}{x^2 + xy} - \frac{7x}{xy + y^2} + \frac{3}{xy} \; .$$

⟶ 15 E

17 D

Ihr Ergebnis läßt sich noch vereinfachen. Schauen Sie sich dazu den Zähler des Bruches genau an!

⟶ 15 E

17 E

Sie müssen $\dfrac{a^3 + 1}{a(a-1)^3}$ erhalten haben.

Überprüfen Sie in der folgenden Aufgabe, ob Sie beim Addieren von ungleichnamigen Brüchen noch Schwierigkeiten haben!

$$\frac{x}{x^2 - a^2} + \frac{1}{a - x}$$

⟶ 19 B

17 F

Führen Sie folgende Partialdivision aus!

$$(13a^2x + 3x^3 - ax^2 + 10a^3) : (2a + 3x)$$

⟶ 19 C

18 A

Im folgenden werden wir uns mit der Partialdivision beschäftigen. Sehen Sie sich dazu ein Beispiel an!

$$(3x^4 - 3x^2 - 54x - 54) : (2x - x^2 + 3)$$

Zunächst muß in beiden Klammern nach fallenden Potenzen ein und derselben Variablen geordnet werden.

$$(3x^4 - 3x^2 - 54x - 54) : (-x^2 + 2x + 3)$$
$$= (3x^4 + 0 \cdot x^3 - 3x^2 - 54x - 54) : (-x^2 + 2x + 3) = -3x^2 - 6x - 18$$
$$\underline{- (3x^4 - 6x^3 - 9x^2)}$$
$$6x^3 + 6x^2 - 54x - 54$$
$$\underline{- (6x^3 - 12x^2 - 18x)}$$
$$18x^2 - 36x - 54$$
$$\underline{- (18x^2 - 36x - 54)}$$
$$0$$

──────────► 17 F

18 B

Die Lösungen lauten

1. $3a^2 + 2b + 1$
2. $x^3 - 2x + 3$
3. $-(a^3 + 2a^2 + 4a + 8)$ bzw. in anderer Schreibweise
   $-(a + 2)(a^2 + 4)$

Die dritte Aufgabe können Sie sowohl durch Partialdivision als auch durch Anwendung einer binomischen Formel lösen.

Wir hoffen, daß Sie diesen Abschnitt erfolgreich durchgearbeitet haben. Legen Sie eine kleine Pause ein, und arbeiten Sie danach weiter! ─────────► 20 A

18 C

Das ist nicht das gesuchte Ergebnis. Sie haben nicht beachtet, daß der Hauptnenner das **kleinste** gemeinsame Vielfache der Einzelnenner ist. Der Hauptnenner lautet $a(a - 1)^3$, weil die Nenner $(a - 1)^2$ und $(1 - a) = -1(a - 1)$ bereits als Faktoren in $(a - 1)^3$ enthalten sind.

Lösen Sie die Aufgabe noch einmal! ─────────► 15 A

19 A

Da Sie nicht zum richtigen Ergebnis gelangt sind, wollen wir Sie beim Lösen der Aufgabe unterstützen.

Aus $\dfrac{2}{(a-1)^3} + \dfrac{1}{(a-1)^2} - \dfrac{2}{1-a} - \dfrac{1}{a}$

folgt $\dfrac{2a}{a(a-1)^3} + \dfrac{a(a-1)}{a(a-1)^3} + \dfrac{2a(a-1)^2}{a(a-1)^3} - \dfrac{(a-1)^3}{a(a-1)^3}$,

wobei im dritten Bruch beachtet wurde, daß

$\dfrac{2}{1-a} = -\dfrac{2}{a-1}$ ist.

Fassen Sie die vier Brüche zusammen, und vereinfachen Sie! ───────────→ 17 E

19 B

Vergleichen Sie:

$\dfrac{-a}{x^2-a^2}$ ─────────→ 15 B

$\dfrac{2x+a}{x^2-a^2}$ ─────────→ 15 D

$\dfrac{ax-a^2}{(x^2-a^2)\,(a-x)}$ ─────────→ 16 H

19 C

Sie haben das richtige Ergebnis $5a^2 - ax + x^2$ erhalten?

Ja ───────→ 16 G
Nein

Kontrollieren Sie Ihre Rechnung!

$$
\begin{aligned}
(10a^3 + 13a^2x - ax^2 + 3x^3) : (2a + 3x) &= \underline{5a^2 - ax + x^2} \\
\underline{-(10a^3 + 15a^2x)} & \\
-2a^2x - ax^2 + 3x^3 & \\
\underline{-(-2a^2x - 3ax^2)} & \\
2ax^2 + 3x^3 & \\
\underline{-(2ax^2 + 3x^3)} & \\
0 &
\end{aligned}
$$

Lösen Sie noch folgende Aufgabe zur Übung!

$(x^4 - x^3 - 5x^2 - 42x - 18) : (x^2 + 3x + 9)$ ─────────→ 15 C

20 A

Vorkontrolle V2 zu Quadratische Gleichungen

> Überprüfen Sie, ob Sie in der Lage sind, die Lösungsmengen folgender Gleichungen zu bestimmen.
>
> 1. $4x^2 - 4ax = b^2 - a^2$
>
> 2. $\dfrac{2x+1}{2x-3} - 1 = \dfrac{x-4}{2x+3} - \dfrac{7x}{9-4x^2}$ 3. $\dfrac{x^3 - x^2 - 27x + 27}{x-1} = x^2 + x + 4$
>
> 4. $x^4 - 5x^2 + 4 = 0$.

──────→ 22 A

---

20 B

Ihr Ergebnis ist falsch. Ehe Sie die Lösungsformel anwenden, müssen Sie die quadratische Gleichung auf die Normalform bringen! Lösen Sie die Aufgabe noch einmal!

──────→ 20 C

---

20 C

Lösen Sie im Bereich der reellen Zahlen
$4x^2 - 4x - 3 = 0$.

──────→ 22 B

---

20 D

Da Sie offensichtlich noch große Schwierigkeiten beim Lösen von quadratischen Gleichungen haben, sehen Sie sich bitte folgendes Beispiel sorgfältig an!

Zu bestimmen ist die Lösungsmenge der Gleichung $6x - x^2 - 8 = 0$.

Lösungsweg: Normalform herstellen: $x^2 - 6x + 8 = 0$.

Lösungsformel anwenden: $x_{1,2} = 3 \pm \sqrt{9-8}$; $x_{1,2} = 3 \pm 1$.

Damit wird $L = \{2; 4\}$.

Bestimmen Sie nun selbständig die Lösungsmenge der Gleichung

$3x^2 - 21x = -30$.

──────→ 24 A

---

20 E

Ihr Ergebnis ist falsch. Sie haben das Minuszeichen vor $\dfrac{p}{2}$ nicht beachtet. Beseitigen Sie diesen Fehler!

──────→ 22 B

---

20 F

Die richtigen Ergänzungen lauten:

$$-\frac{1}{2} \;/\; \frac{1}{4} + 12 \;/\; -\frac{1}{2} \pm \frac{7}{2} \;/\; -4; 3$$

──────→ 23 C

21 A

Herleitung der Lösungsformel:

Aus der Normalform der quadratischen Gleichung
$x^2 + px + q = 0$ folgt durch Bilden der quadratischen Ergänzung

$$x^2 + px + \left(\frac{p}{2}\right)^2 + q - \frac{p^2}{4} = 0 \quad \text{und daraus sofort}$$

$$\left(x + \frac{p}{2}\right)^2 + q - \frac{p^2}{4} = 0.$$

Damit die binomische Formel $a^2 - b^2 = (a + b)(a - b)$ angewendet werden kann, wird aus den beiden letzten Summanden der Faktor (-1) ausgeklammert.

$$\left(x + \frac{p}{2}\right)^2 - \left(\frac{p^2}{4} - q\right) = 0. \quad \text{Für} \quad \frac{p^2}{4} - q > 0 \text{ gilt}$$

$$\left(x + \frac{p}{2}\right)^2 - \left(\sqrt{\frac{p^2}{4} - q}\right)^2 = 0$$

$$\left[\left(x + \frac{p}{2}\right) + \sqrt{\frac{p^2}{4} - q}\right]\left[\left(x + \frac{p}{2}\right) - \sqrt{\frac{p^2}{4} - q}\right] = 0$$

Ein Produkt ist genau dann gleich Null, wenn mindestens einer der Faktoren Null ist.

$$x + \frac{p}{2} + \sqrt{\frac{p^2}{4} - q} = 0 \quad \text{oder} \quad x + \frac{p}{2} - \sqrt{\frac{p^2}{4} - q} = 0$$

Daraus entsteht die bekannte Formel

$$x_{1,2} = -\frac{p}{2} \pm \sqrt{\frac{p^2}{4} - q} \quad \text{und damit auch}$$

$$x^2 + px + q = (x - x_1)(x - x_2)$$

Das Verfahren der quadratischen Ergänzung kann selbstverständlich auch auf jede spezielle quadratische Gleichung angewendet werden. ───────→ 23 B

21 B

Ihr Ergebnis ist unvollständig!

$x^2 = 4$ ergibt zwei Lösungen: $x_1 = 2$; $x_2 = -2$.

Das gleiche gilt für $x^2 = 9$. Ergänzen Sie Ihre Lösungsmenge! ───────→ 22 C

21 C

Das sind die Lösungen für $z = x^2$. Sie müssen noch die Gleichungen $x^2 = 4$ und $x^2 = 9$ lösen! ───────→ 22 C

22 A

Lösungen:

1. $x_1 = \frac{1}{2}(a+b)$, $x_2 = \frac{1}{2}(a-b)$,

   also $L = \left\{ \frac{1}{2}(a+b) ; \frac{1}{2}(a-b) \right\}$

2. $x_1 = 0$, $x_2 = 6$,

   also $L = \{0 ; 6\}$

3. $x_1 = -31$ ($x_2 = 1$ gehört nicht zum Grundbereich der gegebenen Gleichung),

   also ist $L = \{-31\}$.

4. $x_1 = 1$, $x_2 = -1$, $x_3 = 2$, $x_4 = -2$,

   also $L = \{-2 ; -1 ; 1 ; 2\}$

Wenn Ihre Ergebnisse mit den hier angegebenen übereinstimmen, ist es nicht erforderlich, daß Sie den folgenden Abschnitt durcharbeiten. Sie können sich deshalb sofort dem nächsten Test unterziehen. Wir wünschen Ihnen auch dabei vollen Erfolg.

————————► 31 A

Sollten Sie beim Lösen von Gleichungen dieser Art Schwierigkeiten haben, dann arbeiten Sie den folgenden Programmabschnitt durch! ————————► 23 A

---

22 B

Sie erhielten

$L = \left\{ -\frac{1}{2} ; \frac{3}{2} \right\}$ ————————► 24 B

$L = \left\{ -\frac{3}{2} ; \frac{1}{2} \right\}$ ————————► 20 E

$L = \{2 - \sqrt{7} ; 2 + \sqrt{7}\}$ ————————► 20 B

kein oder ein anderes Ergebnis ————————► 24 E

---

22 C

Sie erhielten

$L = \{4 ; 9\}$ ————————► 21 C

$L = \{2 ; 3\}$ ————————► 21 B

$L = \{-3 ; -2 ; 2 ; 3\}$ ————————► 25 A

kein oder ein anderes Ergebnis ————————► 24 F

23 A

Die Normalform der quadratischen Gleichung $x^2 + px + q = 0$ und deren Lösungen

$x_{1,2} = -\dfrac{p}{2} \pm \sqrt{\left(\dfrac{p}{2}\right)^2 - q}$ müssen Ihnen bekannt sein.

Bezeichnet man den Radikanden mit D (Diskriminante), so gilt:

Wenn $D > 0$, so $x_{1,2}$ reell; $x_1 \neq x_2$,

wenn $D = 0$, so $x_{1,2}$ reell; $x_1 = x_2$,

wenn $D < 0$, so $x_{1,2}$ nicht reell.

Die oben genannte Lösungsformel wird mit Hilfe der quadratischen Ergänzung hergeleitet.

Ihnen ist die Herleitung bekannt? Ja ————————▶ 23 B

Nein ————————▶ 21 A

23 B

Aufgabe: Zu bestimmen ist die Lösungsmenge der quadratischen Gleichung
$4x^2 + 4x - 48 = 0$.

Lösungsweg: Die Normalform lautet $x^2 + x - 12 = 0$.

Damit sind $p = 1$ und $q = -12$.

Anwendung der Lösungsformel:

$x_{1,2} = \,\ldots\ldots\ldots \pm \sqrt{\ldots\ldots\ldots}$, also $x_{1,2} = \,\ldots\ldots\ldots$

und damit $L = \{ \,\ldots\ldots\ldots \}$. ————————▶ 20 F

23 C

Eine weitere Möglichkeit, bei einfachen quadratischen Gleichungen die Lösungen zu finden, bietet der **Vietasche Wurzelsatz.** Nach diesem gilt: $x_1 + x_2 = -p$, $x_1 \cdot x_2 = q$, wenn die quadratische Gleichung $x^2 + px + q = 0$ lautet.
Die Lösungen sind also unter den Teilern des Absolutgliedes q zu suchen.
Mit Hilfe des Vietaschen Wurzelsatzes kann die Probe für die eben gelöste Gleichung $x^2 + x - 12 = 0$ durchgeführt werden:

$x_1 + x_2 = 3 + (-4) = -1$; $x_1 \cdot x_2 = 3 \cdot (-4) = -12$. ————————▶ 20 C

23 D

Die richtigen Ergänzungen lauten:

$z^2 + 3z - 4$ / -4 / 1 ————————▶ 24 C

24 A

Sie haben

$L = \{2; 5\}$, dann haben Sie die Aufgabe richtig gelöst, ───────→ 24 C

ein anderes Ergebnis, dann müssen Sie sich noch einmal gründlich mit dem Beispiel beschäftigen und danach die Aufgabe erneut lösen. ───────→ 20 D

24 B

Ihr Ergebnis ist richtig. ───────→ 24 C

24 C

Biquadratische Gleichungen überführt man durch die Substitution $z = x^2$ in quadratische Gleichungen mit der Variablen z.
Wir berechnen für den Bereich der reellen Zahlen die Lösungsmenge der Gleichung $x^4 + 3x^2 - 4 = 0$.

Lösungsweg: Die Substitution $z = x^2$ führt zu .... mit den Lösungen

$z_1 = $ .... ; $z_2 = $ .... — 23 D —┐
Rücksubstitution: ◄──┘

$x^2 = $ .... hat keine reellen Lösungen,

$x^2 = $ .... $\Rightarrow x_1 = $ .... ; $x_2 = $ .... ,

damit wird $L = \{$ .... $\}$, ───────→ 26 F

24 D

Lösen Sie nun im Bereich der reellen Zahlen

$x^4 - 13x^2 + 36 = 0$. ───────→ 22 C

24 E

Um die Normalform zu erhalten, ist die Gleichung durch 4 zu dividieren. Die Lösungsformel ergibt

$$x_{1,2} = \frac{1}{2} \pm \sqrt{1},$$

und damit wird

$$L = \left\{ -\frac{1}{2}; \frac{3}{2} \right\}.$$ ───────→ 20 D

24 F

Sie konnten die Aufgabe nicht lösen. Wenn Sie analog zu 24 C vorgehen, müßten Sie zum richtigen Ergebnis gelangen. ─── 24 C ───────→ 24 D

25 A

Ihr Ergebnis ist richtig.
Bestimmen Sie nun die Lösungsmenge der Gleichung

$$\left(x^2 - \frac{9}{4}\right)(x^2 + 4) = 0.$$

—————————▸ 27 C

25 B

Ihr Ergebnis muß $L = \left\{0; \dfrac{2ab}{a+b}\right\}$ sein.

Es wird Ihnen gewiß nicht schwerfallen, die Lösungsmenge der Gleichung

$$\frac{x + 4a^2b}{2b + x} - \frac{x - 4a^2b}{2b - x} = \frac{4abx}{4b^2 - x^2}$$

zu ermitteln.

—————————▸ 26 A

25 C

Ihr Ergebnis ist richtig.

—————————▸ 25 D

25 D

Lösen Sie die Gleichung $(x^2 - 10)(x^2 - 3) = 78$.

—————————▸ 27 D

25 E

Der Hauptnenner lautet $x(x - 1)(x - 2)$.
Multiplizieren Sie die Gleichung mit dem Hauptnenner, und geben Sie die Normalform
der quadratischen Gleichung an!

—————————▸ 27 B

25 F

Ihr Ergebnis ist falsch. Sie haben den Grundbereich D der Gleichung nicht beachtet.
Holen Sie das nach!

—————————▸ 27 F

25 G

Ihr Ergebnis ist falsch. Sie müssen zunächst die Klammern auflösen, da auf der rechten
Seite nicht Null steht und der schon einmal verwendete Satz hier nicht anwendbar ist!
Lösen Sie die Aufgabe noch einmal!

—————————▸ 25 D

26 A

Das richtige Ergebnis ist $L = \{2ab; -4ab\}$.
Für diese Lösungsmenge sind einige Einschränkungen erforderlich; nämlich
$b \neq 0, a \neq -1, a \neq -\dfrac{1}{2}, a \neq \dfrac{1}{2}, a \neq 1$.

────────────► 28 D

---

26 B

Sie konnten die Gleichung $\left(x^2 - \dfrac{9}{4}\right)(x^2 + 4) = 0$ nicht lösen.

Beginnen Sie mit der Aufgabe noch einmal, indem Sie den Satz anwenden:
Ein Produkt ist dann gleich Null, wenn mindestens einer der Faktoren Null ist.

────────────► 27 C

---

26 C

Die richtigen Ergänzungen lauten

$0 \quad / \quad x^2 + 4x = 32$

────────────► 29 A

---

26 D

Haben Sie als quadratische Gleichung in Normalform $x^2 - 3x + 2 = 0$ erhalten?
Ja.
Lösen Sie diese Gleichung gewissenhaft!

────────────► 29 C

Nein.
Überlegen Sie sich zunächst, welches der Hauptnenner der drei Brüche ist, und geben
Sie diesen an!

────────────► 25 E

---

26 E

Ihr Ergebnis ist richtig.
Bestimmen Sie noch die Lösungsmenge der Gleichung

$$\frac{(a-x)^2 + (x-b)^2}{(a-x)^2 - (x-b)^2} = \frac{a^2 + b^2}{a^2 - b^2}, \quad a \neq \pm b .$$

Für den Grundbereich D müssen wir als Einschränkung $x \neq \dfrac{a+b}{2}$ treffen, da sonst,
wie Sie leicht nachprüfen können, der Nenner auf der linken Seite der Gleichung Null
wird.

────────────► 28 C

---

26 F

Ihre Ergänzungen müssen lauten:

$-4 \quad / \quad 1 \quad / \quad 1 \quad / \quad -1 \quad / \quad -1 ; 1$

────────────► 24 D

27 A

Die Aufgabe ist nicht schwer. Da die Rechnung etwas umfangreicher als bei den bisherigen Aufgaben ist, vermuten wir, daß Sie sich bei Umformungen verrechnet haben. Sie müßten, nachdem Sie die Gleichungen mit dem Hauptnenner multipliziert haben, auf die quadratische Gleichung $2ab^2x - 2a^2bx + a^2x^2 - b^2x^2 = 0$ stoßen. Diese läßt sich umformen zu

$$(a^2 - b^2)x^2 + (2ab^2 - 2a^2b)x = 0.$$

Beachten Sie, daß Gleichungen der Form $Ax^2 + Bx = 0$ immer durch $x_1 = 0$ erfüllt werden.
Bestimmen Sie nun die vollständige Lösungsmenge! $\longrightarrow$ 25 B

---

27 B

Die Normalform lautet $x^2 - 3x + 2 = 0$.
Lösen Sie diese Gleichung gewissenhaft! Beachten Sie den Grundbereich D, bevor Sie die Lösungsmenge angeben! $\longrightarrow$ 29 C

---

27 C

Welches Ergebnis haben Sie?

$L = \left\{ -\dfrac{3}{2} ; \dfrac{3}{2} \right\}$ $\longrightarrow$ 25 C

$L = \left\{ -2 : -\dfrac{3}{2} ; \dfrac{3}{2} ; 2 \right\}$ $\longrightarrow$ 28 A

Sie haben keines der angegebenen Ergebnisse. $\longrightarrow$ 26 B

---

27 D

Sie haben

$L = \{ -3 ; 16 \}$ $\longrightarrow$ 29 B

$L = \{ -4 ; 4 \}$ $\longrightarrow$ 29 A

$L = \{ -\sqrt{88} ; -9 ; 9 ; \sqrt{88} \}$ $\longrightarrow$ 25 G

kein oder ein anderes Ergebnis $\longrightarrow$ 28 B

---

27 E

Sie müßten ergänzt haben $-8 / 4 / \{-8 ; 4\}$ $\longrightarrow$ 27 F

---

27 F

Bestimmen Sie die Lösungsmenge der Gleichung

$$\frac{1}{x-2} - \frac{1}{x(x-1)} - \frac{1}{(x-1)(x-2)} = 0.$$ $\longrightarrow$ 29 C

28 A

Ihr Ergebnis ist falsch. Beachten Sie, daß die Gleichung $x^2 + 4 = 0$ im Bereich der reellen Zahlen nicht lösbar ist!
Korrigieren Sie Ihre Rechnung! $\longrightarrow$ 27 C

---

28 B

Da Sie schon einige Aufgaben erfolgreich gelöst haben, nehmen wir an, daß Sie sich nur verrechnet haben. Kontrollieren Sie deshalb Ihre Rechnung noch einmal! $\longrightarrow$ 27 D

---

28 C

Sie haben als Ergebnis

$$L = \left\{ \frac{2ab}{a+b} \right\}$$ $\longrightarrow$ 30 A

$$L = \left\{ 0 ; \frac{2ab}{a+b} \right\}$$ $\longrightarrow$ 30 C

keine der angegebenen Mengen $\longrightarrow$ 27 A

---

28 D

Gegeben sind die Gleichungen

1. $\dfrac{15x - 7}{9} + \dfrac{14}{2x - 3} = x - 1$

2. $\dfrac{4}{x - 1} + \dfrac{1}{x - 4} = \dfrac{3}{x - 2} + \dfrac{2}{x - 3}$

3. $\dfrac{5}{x + 2} + \dfrac{3x}{x - 3} = \dfrac{2x^2 + 11x - 6}{x^2 - x - 6}$

Geben Sie zunächst den (größtmöglichen) Grundbereich für die Lösungsmengen an! — 30 B —

Bestimmen Sie nun die Lösungsmengen! $\longrightarrow$ 30 D

29 A

Ihr Ergebnis ist richtig.
Die erste Gleichung mit Brüchen, die auf eine quadratische Gleichung führt, lösen wir
gemeinsam. Füllen Sie dazu den Lückentext aus! Zu bestimmen ist die Lösungsmenge
der Gleichung

$$\frac{x}{4} + 1 = \frac{8}{x},$$

Lösungsweg: Beim Bestimmen des Grundbereichs D muß beachtet werden, daß die
Nenner der Brüche nicht Null werden dürfen. Sie erkennen sicher, daß für den Grundbereich gelten muß:

$D;\ x \neq$ ....

Durch Multiplikation der Gleichung mit dem Hauptnenner erhält man

....

Die Lösungen dieser quadratischen Gleichung sind — 26 C —

$x_1 =$ ....; $x_2 =$ ....

Damit ist die Lösungsmenge der Ausgangsgleichung
$L =$ .... ⟶ 27 E

29 B

Das ist nicht die Lösungsmenge der Ausgangsgleichung.
Sie haben nur Zwischenergebnisse erhalten. Rechnen Sie die Aufgabe zu Ende!
⟶ 27 D

29 C

Welches Ergebnis haben Sie?

$L = \{1 \,; 2\}$ ⟶ 25 F

$L = \emptyset$ ⟶ 26 E

Sie konnten zu keinem der angegebenen Ergebnisse kommen. ⟶ 26 D

30 A

Ihr Ergebnis ist falsch. Zwar ist $\dfrac{2\,ab}{a+b}$ ein Element der Lösungsmenge. Beachten Sie jedoch, daß Gleichungen der Form $x^2 + px = 0$ immer auch die Lösung $x_1 = 0$ haben. Kontrollieren Sie anhand Ihrer Rechnung, wo Ihnen diese Lösung verlorengegangen ist!

——————————→ 25 B

30 B

Die Grundbereiche sind

$D_1: x \neq \dfrac{3}{2}$;

$D_2: x \neq 1$ und $x \neq 2$ und $x \neq 3$ und $x \neq 4$;

$D_3: x \neq 3$ und $x \neq -2$.

——————————→ 28 D

30 C

Ihr Ergebnis ist richtig.

——————————→ 28 D

30 D

Die Lösungsmengen der Gleichungen sind

1. $L = \emptyset$

2. $L = \left\{ \dfrac{5}{2} \, ; 5 \right\}$

3. $L = \{-3\}$

Wir hoffen, daß Sie diesen Abschnitt erfolgreich durchgearbeitet haben. Legen Sie eine Pause ein, bevor Sie zum nächsten Abschnitt übergehen!

——————————→ 31 A

31 A

Vorkontrolle V3 zu Potenzen und Wurzeln

Überprüfen Sie Ihre Kenntnisse beim Umgang mit Potenz- und Wurzelgesetzen! Vereinfachen Sie folgende Ausdrücke!

1. $\dfrac{162m^{-2}n^4}{375a^2b^3} : \dfrac{54(mn)^3}{150a^2b^{-1}}$

2. $\sqrt[6]{vw^3}\ \sqrt[4]{u^5v^8w^{-2}}\ \sqrt{uv^3}$

3. $\left(\sqrt{a}\,\right)^{-2}\left[\sqrt{a^2 + a\sqrt{a^2 - b^2}} - \sqrt{a^2 - a\sqrt{a^2 - b^2}}\right]^2$

4. $\dfrac{5a^nb^{n+4}c^{2n+1}}{abx^{n+1}y^{n+2}z^{n+3}} : \dfrac{3a^{n-1}b^3c^{n+1}}{2xy^{2-n}z^{3-n}}$

5. $\dfrac{4(2ab)^{\frac{3}{4}}\,(a+2b)^{-1}}{\sqrt{a} - \sqrt{2b}} \quad \dfrac{1}{\sqrt{2ab}\ \sqrt[4]{2}}$

(Bei dieser Aufgabe kommt es darauf an, zusammenzufassen und den Nenner rational zu machen.)

───────────→ 33 A

---

31 B

Die beiden Gesetze der Division entstehen auf folgende Weise:

1. $a^n : a^m = a^n \cdot \dfrac{1}{a^m}$. Nach Anwenden von (9) und (5) aus 32 A entsteht a^{n-m}.

2. $a^n : b^n = a^n \cdot \dfrac{1}{b^n} = a^n(b^{-1})^n$. Nach Anwenden von (6), (7) und (9) aus 32 A entsteht $\left(\dfrac{a}{b}\right)^n$.

Ergänzen Sie:

1. Potenzen mit gleicher Basis werden dividiert, indem

....

2. Potenzen mit gleichen Exponenten werden dividiert, indem

───────────→ 33 E

....

---

31 C

Sie müssen erhalten haben $T = a^x b^{-x}$.

Weiter folgt $\quad T = a^x(b^{-1})^x \qquad$ gemäß (7)

$\qquad\qquad\quad = (ab^{-1})^x \qquad$ gemäß (6)

$\qquad\qquad\quad = \left(\dfrac{a}{b}\right)^x \qquad$ gemäß (9)

───────────→ 33 D

32 A

Die Vielzahl der Potenz- und Wurzelgesetze läßt sich reduzieren auf die Gesetze

Multiplikation von Potenzen
- mit gleicher Basis
- mit gleichen Exponenten

$$a^n \cdot a^m = a^{n+m} \qquad (5)$$
$$a^n \cdot b^n = (a \cdot b)^n \qquad (6)$$

Potenzieren von Potenzen
Unter Benutzung der Definitionen

$$(a^n)^m = a^{n \cdot m} \qquad (7)$$
$$a^0 := 1 \; (a \neq 0) \qquad (8)$$

$$a^{-n} := \frac{1}{a^n} \; (a \neq 0) \qquad (9)$$

$$\sqrt[m]{a^n} := a^{\frac{n}{m}} \; (a \geqq 0) \qquad (10)$$
$$n \text{ positiv ganzzahlig}$$

läßt sich zeigen, daß sich die Gesetze der Division und die Wurzelgesetze aus (5) bis (7) herleiten lassen.
Führen Sie das aus für 1. $a^n : a^m$
                             2. $a^n : b^n$.
Geben Sie an, welche Gesetze Sie dabei der Reihe nach verwendet haben!

━━━━━━━━━━━━➤ 31 B

---

32 B

Zu vereinfachen ist

$$T = \frac{\sqrt{a^x} \, (a^{2x})^{\frac{1}{3}} \, (b^2)^x}{\left(\sqrt[6]{a}\right)^x \, (b^x)^3} \, .$$

Lösungsweg:

$$T = \frac{a^{\frac{x}{2}} \, (a^{2x})^{\frac{1}{3}} (b^2)^x}{\left(a^{\frac{1}{6}}\right)^x (b^x)^3} \qquad\qquad \text{gemäß (10)}$$

$$= \frac{a^{\frac{x}{2}} \; a^{\frac{2}{3}x} \quad b^{2x}}{a^{\frac{1}{6}x} \quad b^{3x}} \qquad\qquad \text{gemäß (7)}$$

$$= a^{\frac{x}{2}} \; a^{\frac{2}{3}x} \quad b^{2x} a^{-\frac{1}{6}x} \quad b^{-3x} \quad \text{gemäß (9).}$$

Wenden Sie nun das Gesetz (5) an, und fassen Sie zusammen!

━━━━━━━━━━━━➤ 31 C

33 A

Die Lösungen der Kontrollaufgaben sind

1. $\dfrac{6n}{5b^4m^5}$

2. $uv^3 \cdot \sqrt[12]{u^9v^8}$ oder $uv^3 \cdot \sqrt[4]{u^3}\,\sqrt[3]{v^2}$

   oder $\sqrt[4]{u^7}\,\sqrt[3]{v^{11}}$

3. $2(a-b)$

4. $\dfrac{10}{3}\left(\dfrac{bc}{xy^2z^2}\right)^n$

5. $\dfrac{4\sqrt[4]{ab}\,(\sqrt{a}+\sqrt{2b})}{a^2-4b^2}$

Wenn Sie alle Aufgaben richtig gelöst haben, können Sie den folgenden Programm-abschnitt überspringen.

────────────► 40 A

Hatten Sie Fehler in Ihren Ergebnissen, dann arbeiten Sie den folgenden Programm-abschnitt durch, und versuchen Sie, Ihre Lücken zu schließen!

────────► 32 A

---

33 B

Ihr Ergebnis ist falsch. Sie haben nicht in allen Fällen das Gesetz (7) aus 32 A richtig angewendet. Rechnen Sie die Aufgabe noch einmal!

────────► 33 D

---

33 C

Sie müßten $\left(\dfrac{y}{b}\right)^{10}$ erhalten.

Vereinfachen Sie nun

$\left(\dfrac{b^{-5}x^2}{a^{-6}y^{-3}}\right)^4 \left(\dfrac{a^4b^{-3}}{x^{-1}y^{-2}}\right)^{-6}.$

────────► 34 C

---

33 D

Vereinfachen Sie

$\left(\dfrac{a^{-4}b^2}{x^{-2}y^4}\right)^{-3} \left(\dfrac{a^{-6}b^{-2}}{x^{-3}y}\right)^2.$

────────► 35 D

---

33 E

Sie müßten sinngemäß ergänzt haben:
die Basis mit der Differenz der Exponenten potenziert wird / der Quotient der Basen mit dem Exponenten potenziert wird.
In den folgenden Beispielen und Aufgaben werden nun die Potenz- und Wurzelgesetze angewendet.

────────► 32 B

34 A

Sie mußten ergänzen:

$a^n b^n$ / die Faktoren potenziert werden (sinngemäß) /
$a^{n \cdot m}$ / die Basis mit dem Produkt der Exponenten potenziert wird (sinngemäß).

——————————▶ 36 A

---

34 B

Sie müssen ergänzt haben

$$\frac{\sqrt[3]{108\,b^2}}{\sqrt[4]{4\,a^2}} \quad \Big/ \quad 2a \,.$$

Damit erhalten wir

$$\frac{\sqrt{8a}\;\sqrt[3]{108\,b^2}}{\sqrt[3]{4\,b}\;\sqrt{2\,a}} = \sqrt{\frac{8a}{2a}}\;\sqrt[3]{\frac{108\,b^2}{4\,b}}\,.$$

Vereinfachen Sie weiter!

——————————▶ 37 E

---

34 C

Beim richtigen Anwenden aller Potenzgesetze haben Sie gewiß $\left(\dfrac{x}{b}\right)^2$ erhalten.

——————————▶ 35 C

Sollten Sie nicht zu diesem Ergebnis gekommen sein, dann kontrollieren Sie Ihre Rechnung analog zu dem in 36 A begonnenen Beispiel! Sie müssen dann zu dem oben angegebenen Ergebnis kommen.

---

34 D

Ihr Ergebnis ist falsch. Sie haben die beiden Brüche multipliziert. Lösen Sie die Aufgabe noch einmal! ——————————▶ 34 E

---

34 E

Berechnen Sie

$$\frac{\sqrt{8\,a}}{\sqrt[3]{4\,b}} : \frac{\sqrt[4]{4\,a^2}}{\sqrt[3]{108\,b^2}}$$

——————————▶ 37 E

---

34 F

Ihre Ergänzung muß $a^{-12}\,b^{-4}\,x^6\,y^{-2}$ lauten.
Der entstandene gesamte Ausdruck heißt dann

$$a^{12}b^{-6}x^{-6}y^{12}a^{-12}b^{-4}x^6y^{-2}\,.$$

Fassen Sie nun die Potenzen mit gleicher Basis gemäß (5) aus 32 A zusammen!

——————————▶ 37 F

35 A

Ihr Ergebnis ist falsch. Sie haben die Koeffizienten nicht mit potenziert und damit gegen das Gesetz (7) verstoßen.
Rechnen Sie noch einmal! ———————→ 35 C

35 B

Ihr Ergebnis ist falsch. Sie haben das Pluszeichen im letzten Radikanden nicht beachtet. Korrigieren Sie Ihren Fehler. ———————→ 37 D

35 C

Berechnen Sie
$$\frac{(9xy^3)^3}{(12x^2y)^4} \cdot \frac{(8x^4y)^5}{(6x^5y^3)^3}$$ → 37 C

35 D

Welches Ergebnis haben Sie?

$\dfrac{x^6}{by^4a^{11}}$ ———————→ 37 A

$\dfrac{x^6}{a^{11}y^3}$ → 33 B

$\left(\dfrac{y}{b}\right)^{10}$ ———————→ 37 B

Sie haben ein anderes Ergebnis. ———————→ 36 A

35 E

Ihr Ergebnis ist richtig.
Berechnen Sie

$\sqrt[6]{a^5b^3} \quad \sqrt[4]{a^2b^2} \quad \sqrt[3]{a^2b} \quad \sqrt{a^2 + b^2}$. ———————→ 37 D

35 F

Ihr Ergebnis ist falsch. Sie haben gegen das Gesetz (6) verstoßen. Lösen Sie die Aufgabe noch einmal! ———————→ 35 C

35 G

Gewiß haben Sie $a^n \cdot {}^m$ ergänzt und weiter sinngemäß formuliert: die Basis mit dem Produkt der Exponenten potenziert wird.
Rechnen Sie die Aufgabe noch einmal! ———————→ 33 D

36 A

Sie konnten die Aufgabe nicht lösen. Wir werden es gemeinsam tun und nach dem schon einmal beschrittenen Lösungsweg arbeiten.

Zu vereinfachen war

$$\left(\frac{a^{-4}b^2}{x^{-2}y^4}\right)^{-3} \quad \left(\frac{a^{-6}b^{-2}}{x^{-3}y}\right)^2 .$$

Wenden wir für jeden Bruch zunächst (9) aus 32 A an, so entsteht
$(a^{-4} b^2 x^2 y^{-4})^{-3} \cdot (a^{-6} b^{-2} x^3 y^{-1})^2$.

Wenden Sie nun folgende Gesetze an:

(6) $(a \cdot b)^n =$ .... (ein Produkt wird potenziert, indem ....

....);

(7) $(a^n)^m =$ .... (eine Potenz wird potenziert, indem ....

....) -- 34 A ─┐
                                                                                                    ◄─┘

Es entsteht $(a^{12} b^{-6} x^{-6} y^{12})$ (...................). ───────────► 34 F

36 B

Das richtige Ergebnis ist

$$u^{\frac{1}{2}} v^{-\frac{2}{3}} = \frac{\sqrt{u}}{\sqrt[3]{v^2}}$$

Haben Sie dieses?

Ja ───────────► 34 E

Nein ───────────► 38 A

36 C

Die Ergebnisse sind

1. $\sqrt[6]{2}$ 2. $\dfrac{1}{a^2bx}$ 3. a

4. $\sqrt[6]{mn^3} = \sqrt[6]{m} \ \sqrt{n}$ 5. $\dfrac{10a^3}{21b^2x}$

Wir hoffen, daß Sie alle Aufgaben richtig gelöst haben. Nach einer Pause gehen Sie dann über zum Abschnitt „Wurzelgleichungen"! ───────────► 40 A

37 A

Ihr Ergebnis ist falsch.
Nach (7) in 32 A gilt $(a^n)^m =$ ...., also: eine Potenz wird potenziert, indem

————————→ 35 G

37 B

Ihr Ergebnis ist richtig.

————————→ 35 C

37 C

Vergleichen Sie!

$\dfrac{16}{3} y$

————————→ 35 E

y

————————→ 35 A

$\dfrac{16y}{3x^2}$

————————→ 35 F

Sie haben kein oder ein anderes Ergebnis.

————————→ 39 A

37 D

Lautet Ihr Ergebnis

$a^3 \, b^2 \, \sqrt[3]{b}$

————————→ 35 B

$a^2 \, b \, \sqrt[3]{b} \sqrt{a^2 + b^2}$

————————→ 39 D

anders als hier angegeben?

————————→ 39 B

37 E

Sie erhielten

$\dfrac{4a}{6b \sqrt[3]{2}}$

————————→ 34 D

$6 \sqrt[3]{b}$

————————→ 38 B

ein anderes Ergebnis.

————————→ 39 C

37 F

Sie haben gewiß $b^{-10} \, y^{10}$ erhalten.
Beseitigen Sie nun noch den negativen Exponenten, und fassen Sie beide Potenzen
zusammen!

————————→ 33 C

38 A

Wir rechnen Ihnen eine ähnliche Aufgabe vor.

Zu vereinfachen ist $\sqrt{2\sqrt{2\sqrt{2}}}$

Lösungsweg: Wir beginnen mit dem Vereinfachen bei der inneren Wurzel und setzen diesen Weg konsequent fort:

$$\sqrt{2\sqrt{2\cdot 2^{\frac{1}{2}}}} = \sqrt{2\sqrt{2^{\frac{3}{2}}}} = \sqrt{2\cdot 2^{\frac{3}{4}}} = \sqrt{2^{\frac{7}{4}}}$$

$$= 2^{\frac{7}{8}} = \sqrt[8]{2^7}\;.$$

Lösen Sie analog zu diesem Beispiel die vorhin schon einmal begonnene Aufgabe. Zu vereinfachen war

$$\sqrt[3]{\frac{u}{v}\,\sqrt{\frac{u^2}{v^2}}\,\sqrt{\frac{1}{u^2}}}\;.$$

———————➤ 36 B

38 B

Ihr Ergebnis ist richtig. ———————➤ 38 C

38 C

Vereinfachen Sie zur Übung noch folgende Ausdrücke:

1. $\dfrac{4\cdot 2^5\cdot\sqrt{2}\cdot 2^{-2}}{2^{\frac{2}{3}}\cdot\sqrt[3]{2^2}\cdot 16}$

2. $\left(\dfrac{a^{-4}b^{-5}}{x^{-1}y^3}\right)^2\left(\dfrac{a^{-2}x}{b^3y^2}\right)^{-3}$

3. $\left(\sqrt[n]{a}\right)^{2n-4}\;\;\left(\sqrt[n]{a}\right)^{3n+2}\;\;\left(\sqrt[n]{a}\right)^{2-4n}$

4. $\sqrt[4]{\sqrt[3]{m^2n^6}}$

5. $\dfrac{125a^7b^{11}}{138x^{10}y^8}:\dfrac{175a^4b^{13}}{92x^9y^8}$

———————➤ 36 C

38 D

Sie mußten ergänzen

$$4x-3+2\sqrt{4x-3}\;\sqrt{5x+1}+5x+1\;.$$

———————➤ 41 A

39 A

Ihr Ergebnis ist falsch. Sind Sie zu dem Zwischenergebnis

$$\frac{9^3 x^3 y^9 \cdot 8^5 x^{20} y^5}{12^4 x^8 y^4 \cdot 6^3 x^{15} y^9}$$

gekommen, so rechnen Sie von hier ab erneut! ———————➤ 37 C

Weicht Ihr Zwischenergebnis von dem hier angeführten ab, dann kontrollieren Sie, ob Sie die Potenzgesetze richtig angewendet haben! ———————➤ 35 C

39 B

Ihr Ergebnis ist falsch. Ein Zwischenergebnis muß heißen

$$a^{\frac{5}{6}} \; b^{\frac{1}{2}} \; a^{\frac{1}{2}} \; b^{\frac{1}{2}} \; a^{\frac{2}{3}} \; b^{\frac{1}{3}} \; \sqrt{a^2 + b^2}$$

Vereinfachen Sie weiter! ———————➤ 37 D

39 C

Sie sind nicht zum richtigen Ergebnis gekommen.
Die Aufgabe läßt sich besonders vorteilhaft lösen, wenn man umformt:

$$\frac{\sqrt{8a}}{\sqrt[3]{4b}} : \frac{\sqrt[4]{4a^2}}{\sqrt[3]{108b^2}} = \frac{\sqrt{8a}}{\sqrt[3]{4b}} \cdot \; \dots\dots\dots\dots\dots$$

und außerdem berücksichtigt

$$\sqrt[4]{4a^2} = \sqrt{}$$

Vergleichen Sie Ihre Ergänzungen! ———————➤ 34 B

39 D

Ihr Ergebnis ist richtig.
Vereinfachen Sie nun

$$\sqrt[3]{\frac{u}{v} \sqrt{\frac{u^2}{v^2} \sqrt{\frac{1}{u^2}}}}$$

———————➤ 36 B

39 E

Ihre Ergänzung muß sein $9x^2 + 18x + 9$. ———————➤ 41 A

39 F

Die Ergänzungen sind $3 \; / - \dfrac{4}{11}$. ———————➤ 41 A

40 A

In einer **Wurzelgleichung** kommt an mindestens einer Stelle die Variable im Radikanden einer Wurzel vor. Wir beschränken uns im folgenden auf Wurzelgleichungen, die sich auf Gleichungen von höchstens zweitem Grade zurückführen lassen. Wir hatten bereits in 9 A darauf hingewiesen, daß wir beim Lösen von Wurzelgleichungen auch nichtäquivalente Umformungen (z. B. das Potenzieren) benutzen und deshalb die Probe durchführen müssen.

Trotzdem ist es (zumindest für einfache Fälle) sinnvoll, den Grundbereich D zu bestimmen, da z. B. für $D = 0$ auch $L = \emptyset$ folgt.

Vorkontrolle V4 zu Wurzelgleichungen

Überprüfen Sie, ob Sie in der Lage sind, Wurzelgleichungen fehlerfrei zu lösen! Bestimmen Sie die Lösungsmengen der folgenden Gleichungen!

1. $\sqrt{x + a} = a + \sqrt{x}$, $|a| \leq 1$, $a \neq 0$

2. $\sqrt{x + 3} - \sqrt{3x + 1} - \sqrt{x - 1} = 0$

3. $\sqrt{x + 1 + \sqrt{3x + 4}} - 3 = 0$ (ohne den Grundbereich zu bestimmen)

4. $\sqrt{2x - 1} + \sqrt{x - 1{,}5} = \dfrac{6}{\sqrt{2x - 1}}$

Vergleichen Sie, ob Ihre Ergebnisse mit den angegebenen Lösungsmengen übereinstimmen!

─────────➤ 42 A

40 B

Sie sind nicht zur Lösung gekommen. Setzen Sie sich noch einmal mit den grundsätzlichen Lösungsgedanken in dem vorgerechneten Beispiel auseinander!

─────────➤ 41 A

40 C

Ihr Ergebnis ist falsch. Sie haben beim Quadrieren nicht beachtet, daß die binomischen Formeln anzuwenden sind. Das bedeutet hier

$$\left(\sqrt{a} + \sqrt{b}\right)^2 = a + 2\sqrt{ab} + b .$$

Lösen Sie die Aufgabe noch einmal!

─────────➤ 41 B

40 D

Sie haben ein falsches Ergebnis, da Sie weder den Grundbereich D beachtet noch die Probe durchgeführt haben. Holen Sie das nach, und korrigieren Sie Ihr Ergebnis!

─────────➤ 43 B

41 A

Zu bestimmen ist die Lösungsmenge der Gleichung

$$\sqrt{4x - 3} + \sqrt{5x + 1} = \sqrt{15x + 4}\,.$$

Lösungsweg: Beim Bestimmen des Grundbereichs D müssen wir beachten, daß die Radikanden nicht negativ werden dürfen. Wir haben also die Menge aller reellen Zahlen x zu bestimmen, für die gilt

$$4x - 3 \geqq 0 \quad \text{und} \quad 5x + 1 \geqq 0 \quad \text{und} \quad 15x + 4 \geqq 0\,, \text{d. h.,}$$

$$x \geqq \frac{3}{4} \quad \text{und} \quad x \geqq -\frac{1}{5} \quad \text{und} \quad x \geqq -\frac{4}{15}\,.$$

Damit ist D: $x \geqq \dfrac{3}{4}$.

– Durch mehrmaliges Potenzieren (unter Beachtung binomischer Formeln) erhalten wir eine ganzrationale Gleichung.

Aus $(\sqrt{4x - 3} + \sqrt{5x + 1})^2 = (\sqrt{15x + 4})^2$

folgt $\ldots\ldots\ldots\ldots\ldots = 15x + 4$ — 38 D ⌐

Nun wird die Gleichung zunächst so umgeformt, daß nach nochmaligem Potenzieren eine ganzrationale Gleichung entsteht:

$$2\sqrt{(4x - 3)\,(5x + 1)} = 6x + 6 \quad \text{und}$$

$$\sqrt{20x^2 - 11x - 3} = 3x + 3 \quad \text{und schließlich}$$

$$20x^2 - 11x - 3 = \ldots\ldots\ldots\ldots\ldots\ldots\ldots\ldots$$ — 39 E ⌐

– Diese quadratische Gleichung $11x^2 - 29x - 12 = 0$ hat die Lösungen

$$x_1 = \ldots\ldots\ldots\ldots\ ; \quad x_2 = \ldots\ldots\ldots\ldots\ldots\ldots,$$ — 39 F ⌐

– Unter Berücksichtigung von D kann nur $x_1 = 3$ Lösung der Wurzelgleichung sein. Dafür ist aber noch die Probe durchzuführen:
linke Seite: $\sqrt{9} + \sqrt{16} = 3 + 4 = 7$, rechte Seite: $\sqrt{49} = 7$.
Damit ist $\underline{L = \{3\}}$, . ⟶ 41 B

---

41 B

Lösen Sie die Gleichung $\sqrt{x + 5} + 1 = \sqrt{2x + 3}$. ⟶ 43 A

---

41 C

Ihr Ergebnis ist richtig. Arbeiten Sie weiter so gewissenhaft! Zu bestimmen ist die Lösungsmenge der Gleichung

$$\sqrt{x + 8} - \sqrt{x + 3} - \sqrt{x} = 0\,.$$ ⟶ 43 B

42 A

Lösungsmengen:

1. $L = \left\{ \left(\dfrac{1-a}{2} \right)^2 \quad \text{mit } a \neq 0, \quad |a| \leqq 1 \right\}$

2. $L = \{1\}$. Das zweite Ergebnis $x_2 = -\dfrac{13}{3}$ scheidet aus, da es nicht zum Grund-

   bereich $D: x \geqq 1$ gehört.

3. $L = \{4\}$. Hier fällt das Ergebnis $x_2 = 15$ weg, da es die Ausgangsgleichung nicht erfüllt.

4. $L = \left\{ \dfrac{5}{2} \right\}$. Auch hier zeigt die Probe, daß das Ergebnis $x_2 = \dfrac{19}{2}$ entfällt.

Wenn Sie nach dem Vergleichen der Meinung sind, daß Sie Aufgaben dieser Art sicher lösen können, dann brauchen Sie den vorliegenden Abschnitt nicht durchzuarbeiten,

—————————▶ 49 A

sonst —————————▶ 41 A

42 B

Haben Sie als Ergebnis $L = \left\{ 5; \dfrac{3}{7} \right\}$ —————————▶ 44 G

Sie haben ein anderes Ergebnis. —————————▶ 47 B

42 C

Sie sind gewiß zum richtigen Ergebnis $L = \{6\}$ gelangt.
Das Ergebnis $x_2 = -28$ entfällt wegen der Voraussetzung $x \geqq 4$. —————————▶ 42 D

42 D

Lösen Sie die Gleichung:

$$\sqrt{x + \sqrt{x}} - \sqrt{x - \sqrt{x}} = \frac{3}{2} \sqrt{\frac{x}{x + \sqrt{x}}}$$

—————————▶ 44 A

42 E

Ihr Ergebnis ist richtig. Gewiß werden Sie ebenso erfolgreich die nächste Aufgabe lösen. —————————▶ 42 F

42 F

Gesucht ist die Lösungsmenge der Gleichung

$$\sqrt[3]{\frac{x^3 - 1}{x - 1}} = \sqrt[3]{8x - 11}$$

—————————▶ 44 B

43 A

Sie haben

$L = \{-1\,;\,11\}$ ───────► 44 D

$L = \{11\}$ ───────► 41 C

$L = \{3\}$ ───────► 40 C

kein oder ein anderes Ergebnis   ───────► 40 B

43 B

Sie haben als Ergebnis

$L = \{1\}$ ───────► 44 E

$L = \left\{-\dfrac{25}{3}\,;\,1\right\}$ ───────► 40 D

eine andere Lösungsmenge   ───────► 45 A

43 C

Ihre Lösungsmenge ist falsch. Da die Null nicht zum Grundbereich gehört, kann sie erst recht nicht Lösung der Gleichung sein.

Die Lösungsmenge ist $L = \left\{\dfrac{25}{16}\right\}$.   ───────► 42 F

43 D

Sie mußten $x_1 = 1$; $x_2 = -\dfrac{25}{3}$ erhalten.

Da $x \geqq 0$ vorausgesetzt werden mußte, ist $L = \{1\}$.
Bestimmen Sie nun die Lösungsmenge der Gleichung

$\sqrt{x-5} - \sqrt{3x-19} = 2\sqrt{7-x}$.   ───────► 45 B

43 E

Beginnen Sie mit der Aufgabe noch einmal! Durch Multiplikation mit $\sqrt{x + \sqrt{x}}$ ergibt sich eine wesentliche Vereinfachung, die schnell zur Lösung führt. ───────► 42 D

43 F

Haben Sie das richtige Ergebnis $L = \left\{\dfrac{ab}{a+b}\right\}$ ───────► 42 D

kein oder ein anderes Ergebnis gefunden, so multiplizieren Sie die Gleichung

$\sqrt{a-x} + \sqrt{b-x} = \dfrac{b}{\sqrt{b-x}}$ zunächst mit $\sqrt{b-x}$. Isolieren Sie die verbleibende Wurzel, quadrieren Sie die Gleichung, und versuchen Sie, zur oben angegebenen Lösung zu kommen!   ───────► 45 D

44 A

Sie haben

$$L = \left\{ 0 ; \frac{15}{16} \right\}$$
$\longrightarrow$ 43 C

$$L = \left\{ \frac{25}{16} \right\}$$
$\longrightarrow$ 42 E

kein oder ein anderes Ergebnis
$\longrightarrow$ 43 E

44 B

Wie lautet Ihr Ergebnis?

$L = \{1 ; 3 ; 4\}$
$\longrightarrow$ 48 B

$L = \{3 ; 4\}$
$\longrightarrow$ 48 C

Sie haben kein oder ein anderes Ergebnis.
$\longrightarrow$ 47 C

44 C

Die Lösungsmengen sind

1. $L = \{3; 4\}$ 2. $L = \left\{ \frac{1}{4} ; \frac{1}{2} \right\}$ 3. $L = \{2\}$ 4. $L = \{-2; 1\}$ 5. $L = \{3\}$

Wir hoffen, daß Sie alle Aufgaben gelöst haben.
Überprüfen Sie nach einer Pause, ob Sie das im gesamten Abschnitt vermittelte Wissen anwenden können!
$\longrightarrow$ 45 E

44 D

Ihr Ergebnis ist falsch. Sie haben die Probe nicht durchgeführt. Holen Sie das nach!
$\longrightarrow$ 43 A

44 E

Ihr Ergebnis ist richtig.
$\longrightarrow$ 44 F

44 F

Zu bestimmen ist die Lösungsmenge der Gleichung
$$\sqrt{2x-1} + \sqrt{x-4} - \sqrt{2x-6} - \sqrt{x-1} = 0 .$$
$\longrightarrow$ 42 B

44 G

Ihr Ergebnis ist falsch, da Sie den Grundbereich nicht beachtet haben. Holen Sie das nach!
$\longrightarrow$ 47 B

45 A

Ihr Ergebnis ist falsch. Da Sie die Aufgabe nicht lösen konnten, sehen Sie sich den Lösungsweg gründlich an! Gesucht war die Lösungsmenge der Gleichung

$\sqrt{x + 8} - \sqrt{x + 3} - \sqrt{x} = 0$.

Lösungsweg: $\sqrt{x + 8} - \sqrt{x + 3} = \sqrt{x}$; $D : x \geqq 0$

$x + 8 - 2\sqrt{x + 8}\sqrt{x + 3} + x + 3 = x$

$2\sqrt{(x + 8)(x + 3)} \qquad\qquad = x + 11$

$4(x + 8)(x + 3) \qquad\qquad = x^2 + 22x + 121$

$3x^2 + 22x - 25 \qquad\qquad = 0$.

Bestimmen Sie die Lösungsmenge dieser Gleichung! Geben Sie unter Beachtung des Grundbereichs und nach Durchführung der Probe die Lösungsmenge an!

───────► 43 D

45 B

Wenn Sie sorgfältig gearbeitet haben, werden Sie gewiß $L = \{7\}$ erhalten haben. Das zweite Ergebnis $x_2 = \dfrac{83}{13}$ erfüllt die Ausgangsgleichung nicht. ──────► 44 F

45 C

Lösen Sie die Gleichung

$\sqrt{a - x} + \sqrt{b - x} = \dfrac{b}{\sqrt{b - x}}$ $\quad (a + b \neq 0)$. ──────► 43 F

45 D

Lösen Sie noch die Gleichung

$\sqrt{x + 3} + \sqrt{2x - 8} = \dfrac{15}{\sqrt{x + 3}}$. ──────► 42 C

45 E

Leistungskontrolle zu Abschnitt 1:

1. Führen Sie die Partialdivision aus:

   $(a^3 + 3a^2b + ab^2 - 2b^3) : (a + 2b)$

2. Bestimmen Sie die Lösungsmengen folgender Gleichungen:

   2.1. $x^2 - ax + ab - b^2 = 0$, $\quad a - 2b \geqq 0$

   2.2. $\dfrac{x - 1}{8x - 4} - \dfrac{3x - 5}{12x - 6} + \dfrac{5x + 3}{12 - 24x} = x$ $\quad$ 2.3. $\sqrt{x - 1 + \sqrt{2x + 5}} = 2$

───────► 46 A

1. $\quad (a^3 + 3a^2b + ab^2 - 2b^3) : (a + 2b) = a^2 + ab - b^2$ $\qquad$

$\underline{- (a^3 + 2a^2b)}$

$\qquad a^2b + \ ab^2 - 2b^3$

$\qquad \underline{- (a^2b + 2ab^2)}$

$\qquad\qquad - \ ab^2 - 2b^3$ $\qquad\qquad\qquad\qquad\qquad\qquad$ 3

$\qquad\qquad \underline{- (- \ ab^2 - 2b^3)}$

$\qquad\qquad\qquad\qquad 0$

2.1. $\quad x^2 - ax + ab - b^2 = 0$

$$x_{1,2} = \frac{a}{2} \pm \sqrt{\frac{a^2}{4} - ab + b^2} \qquad\qquad 1$$

$$= \frac{a}{2} \pm \sqrt{\frac{a^2 - 4ab + 4b^2}{4}}$$

$$= \frac{a}{2} \pm \sqrt{\frac{(a - 2b)^2}{4}} \qquad\qquad 1$$

$x_1 = \dfrac{a}{2} + \dfrac{a - 2b}{2} \quad x_2 = \dfrac{a}{2} - \dfrac{a - 2b}{2}$ $\qquad\qquad$ 1

$x_1 = a - b \qquad\quad x_2 = b$ $\qquad\qquad\qquad\qquad\qquad$ 1

$\underline{\underline{L = \{a - b \ ; \ b\}}}$ $\qquad\qquad\qquad\qquad\qquad\qquad\qquad$ 1

2.2. $\quad \dfrac{x - 1}{8x - 4} - \dfrac{3x - 5}{12x - 6} + \dfrac{5x + 3}{12 - 24x} = x \quad D: \quad x \in P, \quad x \neq \dfrac{1}{2}$ $\qquad$ 1

$\quad$ HN: $\quad 8x - 4 = 4 (2x - 1)$

$\qquad\qquad 12x - 6 = 6 (2x - 1)$

$\qquad\quad \underline{- (12 - 24x) = 12 (2x - 1)}$

$\quad$ HN: $\quad 12 (2x - 1)$ $\qquad\qquad\qquad\qquad\qquad\qquad\qquad$ 1

$\dfrac{3(x - 1) - 2(3x - 5) - (5x + 3) - x (2x - 1)12}{12(2x - 1)} = 0$ $\qquad\qquad$ 2

$\qquad\quad 3x - 3 - 6x + 10 - 5x - 3 - 24x^2 + 12x = 0$

$\qquad\qquad\qquad\qquad\qquad\qquad - 24x^2 + 4x + 4 = 0$

$\qquad\qquad\qquad\qquad\qquad\qquad x^2 - \dfrac{1}{6} x - \dfrac{1}{6} = 0$ $\qquad\qquad\qquad$ 1

$$x_{1,2} = \frac{1}{12} \pm \sqrt{\frac{1}{144} + \frac{1}{6}}$$

$x_1 = - \dfrac{1}{3}, \quad \left(x_2 = \dfrac{1}{2} \quad \text{entfällt, da nicht in } D \text{ enthalten.} \right)$ $\qquad$ 1

$\underline{\underline{L = \left\{ - \dfrac{1}{3} \right\}}}$ $\qquad\qquad\qquad\qquad\qquad\qquad\qquad\qquad$ 1

$\longrightarrow$ 47 A

Punkte

2.3. $\sqrt{x - 1 + \sqrt{2x + 5}} = 2$

$\qquad x - 1 + \sqrt{2x + 5} = 4$ 1

$\qquad\qquad \sqrt{2x + 5} = 5 - x$

$\qquad\qquad\quad 2x + 5 = 25 - 10x + x^2$ 1

$\qquad x^2 - 12x + 20 = 0$

$\qquad\qquad\quad x_{1,2} = 6 \pm \sqrt{36 - 20}$

$\qquad\quad x_1 = 2, \quad x_2 = 10$ 1

Proben: linke Seite für x_1: $\sqrt{2 - 1 + \sqrt{4 + 5}} = 2$ 1

linke Seite für x_2: $\sqrt{10 - 1 + \sqrt{20 + 5}} = \sqrt{14}$ 1

Also wird $L = \{2\}$

     20

Bewertung: Note 1 für 19—20 Punkte

$\qquad\qquad$ 2   15—18   ,,
$\qquad\qquad$ 3   11—14   ,,
$\qquad\qquad$ 4   7—10   ,,
$\qquad\qquad$ 5   0— 6   ,,

———————► 49 A

---

47 B

Wenn Sie $L = \{5\}$ erhalten haben, dann ist Ihr Ergebnis richtig. ———————► 45 C
Wenn Sie ein anderes Ergebnis erhalten haben, müssen Sie noch einmal gründlich
nachrechnen! Ihnen werden kaum Rechenfehler unterlaufen, wenn Sie $\sqrt{2x - 6}$ und
$\sqrt{x - 1}$ zur gegebenen Gleichung addieren. ———————► 44 F

47 C

Sie haben die Aufgabe nicht bewältigt. Wir nehmen an, daß Sie auf eine Gleichung
3. Grades gestoßen sind, die Sie nicht lösen konnten. Das können Sie vermeiden, wenn
Sie in der Gleichung

$$\sqrt[3]{\frac{x^3 - 1}{x - 1}} = \sqrt[3]{8x - 11} \quad \text{bei} \quad \frac{x^3 - 1}{x - 1}$$

unter Beachtung des Grundbereichs $x \neq 1$ die Partialdivision ausführen. Lösen Sie die
Aufgabe noch einmal! ———————► 42 F

48 A

Lösen Sie zur Übung noch folgende Gleichungen!

1. $\sqrt{7x - 12} + \sqrt{13 - 3x} = 5$ 2. $\sqrt{x + 5 - \sqrt{9x^2 - 4x + 2}} = 2$

3. $\sqrt{x + 2} + \sqrt{4x + 1} = \dfrac{10}{\sqrt{x + 2}}$ 4. $\sqrt[3]{x^3 + 6x + 20} - x = 2$

5. $\sqrt{x + 1} + \sqrt{3x - 5} - \sqrt{x - 2} = \sqrt{3x}$

 → 44 C

48 B

Ihr Ergebnis ist falsch. Sowohl beim Bestimmen des Grundbereichs als auch beim Durchführen der Probe hätten Sie merken müssen, daß $x = 1$ keine Lösung sein kann, da „$\dfrac{0}{0}$" nicht definiert ist. Also ist $L = \{3; 4\}$.

→ 48 A

48 C

Ihr Ergebnis ist richtig.

→ 48 A

48 D

Gewiß haben Sie als Ergebnis 3 erhalten. Damit ergibt sich

$$\log_2 8 + \log_5 \sqrt{125} = 3 + \frac{3}{2} = \frac{9}{2}.$$

Berechnen Sie in entsprechender Weise

$$\log_3 81 + \log_6 \sqrt{216}.$$

→ 52 F

48 E

$\ln \dfrac{\sqrt[5]{a}\ e^3}{\sqrt[4]{c^7} \cdot \sqrt[3]{e^2}}$ soll unter Verwendung der Logarithmengesetze umgeformt und vereinfacht werden.

→ 51 A

48 F

Vorkontrolle V5 zu Logarithmen

Überprüfen Sie, ob Sie die Definition des Logarithmus und die Logarithmengesetze anwenden können!

1. $\ln \dfrac{e^3(a + b)}{\sqrt[3]{(a + b)^2}}$ soll unter Verwendung der Logarithmengesetze umgeformt und vereinfacht werden.

2. Fassen Sie $2 \lg (a + b) - \lg (a^2 - b^2) - 4 \lg a + \dfrac{1}{2} \lg c$ zusammen.

3. Berechnen Sie $\log_2 8 + \log_{27} 3 + \log_4 \log_2 16$.

→ 51 C

2. Logarithmen, logarithmische Gleichungen und Exponentialgleichungen

49 A

Nach dem Durcharbeiten dieses Programmabschnitts werden Sie, auch wenn Sie nur über geringe Vorkenntnisse verfügen, in der Lage sein, einige einfache (Klassen von) logarithmische(n) Gleichungen und Exponentialgleichungen fehlerfrei zu lösen. Daneben sollen Sie Fähigkeiten bei der Anwendung der Definition des Logarithmus und der Potenz- und Logarithmengesetze erwerben. ———————→ 48 F

49 B

Umkehrungen zum Potenzieren $a^n = b$ sind

1. das Radizieren $\sqrt[n]{b} = a$; $b \geqq 0$; $a \geqq 0$; n positiv, ganz;
2. das Logarithmieren $\log_a b = n$; $b > 0$; $a > 0$; $a \neq 1$.

Für Logarithmen zur gleichen Basis folgen dann für $a > 0$ und $b > 0$ aus den Potenzgesetzen die Logarithmengesetze:

$$\log(ab) = \log a + \log b \qquad (11)$$

$$\log \frac{a}{b} = \log a - \log b \qquad (12)$$

$$\log a^n = n \log a \qquad (13)$$

Formulieren Sie die angegebenen Gesetze in Worten! — 51 D —

Daneben sollten Sie sich einprägen:

Für $a > 0$, $a \neq 1$, $x > 0$ gilt:

$$\log_a 1 =_{\text{Def}} 0 \qquad (14)$$

$$\log_a a =_{\text{Def}} 1 \qquad (15)$$

$$a^{\log_a x} =_{\text{Def}} x \qquad (16)$$

Sicher ist Ihnen bekannt, daß folgende abkürzende Schreibweisen gebräuchlich sind:

für Basis $a = 10$ $\log_{10} x =_{\text{Def}} \lg x$ (dekadischer Logarithmus)
für Basis e $\approx 2{,}718\,28\ldots$ $\log_e x =_{\text{Def}} \ln x$ (natürlicher Logarithmus)

Sehen Sie sich nun ein Beispiel an! ———————→ 50 B

50 A

Haben Sie die Lösung $\frac{9}{2}$ erhalten?

Ja ————————————————→ 50 D

Nein

Beachten Sie folgenden Hinweis! Versuchen Sie nach Möglichkeit, das Argument als Potenz der Basis des Logarithmensystems darzustellen! Für den zweiten Summanden unserer Aufgabe bedeutet das

$$\log_5 \sqrt{125} = \log_5 \sqrt{5^3} = \log_5 5^{\frac{3}{2}} = \frac{3}{2} \log_5 5 = \frac{3}{2}.$$

Berechnen Sie auf ähnliche Weise $\log_2 8$. ————————————→ 48 D

---

50 B

Formen Sie $\lg \sqrt[3]{\dfrac{100\,(a+b)}{c^2}}$ mit Hilfe der Logarithmengesetze um!

Lösungsweg:

$$\lg \sqrt[3]{\frac{100(a+b)}{c^2}} = \lg \left[\frac{10^2(a+b)}{c^2}\right]^{\frac{1}{3}}$$

$$= \frac{1}{3} \lg \left[\frac{10^2(a+b)}{c^2}\right] \qquad \text{nach} \quad (13) \text{ aus } 49\,\text{B}$$

$$= \frac{1}{3} \left[\lg 10^2 + \lg(a+b) - \lg c^2\right] \qquad \text{nach} \quad (11) \text{ und } (12)$$

$$= \frac{1}{3} \left[2 \lg 10 + \lg(a+b) - 2 \lg c\right] \quad \text{nach} \quad (13)$$

$$= \frac{1}{3} \left[2 + \lg(a+b) - 2 \lg c\right] \qquad \text{nach} \quad (15)$$

Beachten Sie, daß sich $\lg(a+b)$ mit Hilfe der Logarithmengesetze nicht weiter vereinfachen läßt, denn $\lg(a+b) \neq \lg a + \lg b$. ————————————→ 48 E

---

50 C

Sie werden $\lg a^3 - \lg b^7 + \lg \sqrt{a}$ erhalten haben.
Wenden Sie die Gesetze (11), (12) und (13) aus 49 B an, und fassen Sie zusammen!
————————————→ 52 B

---

50 D

Berechnen Sie den Wert von $\log_2 64 + \log_{27} 9 - \log_4 8$. ————→ 53 E

---

50 E

Ihr Ergebnis läßt sich unter Benutzung einer binomischen Formel vereinfachen.
————————————→ 51 B

51 A

Erhielten Sie

$$\frac{1}{5}\ln a + \frac{7}{3}\ln e - \frac{7}{4}\ln c$$ ———————▶ 52 C

$$\frac{1}{5}\ln a - \frac{7}{4}\ln c + \frac{7}{3}$$ ———————▶ 53 A

Falls Sie die Aufgabe nicht lösen konnten, sehen Sie sich noch einmal das Beispiel an!
———————▶ 50 B

---

51 B

Erhielten Sie

$\lg[2(a-b)^2]$ ———————▶ 52 A

$\lg[2(a^2-b^2)]$ ———————▶ 52 D

$\lg[2(a+b)^2]$ ———————▶ 53 C

$\lg\dfrac{2(a^2-b^2)^2}{(a-b)^2}$ ———————▶ 52 E

keines der angegebenen Ergebnisse ———————▶ 53 G

---

51 C

Die Lösungen der Kontrollaufgaben sind

1. $3 + \dfrac{1}{3}\ln(a+b)$ 2. $\lg\dfrac{\sqrt{c}(a+b)}{a^4(a-b)}$ 3. $\dfrac{13}{3}$

Wenn Sie die Aufgaben richtig gelöst haben, können Sie sich mit logarithmischen Gleichungen beschäftigen. ———————▶ 56 A
Hatten Sie nur Schwierigkeiten beim Lösen der Aufgabe 3, dann sehen Sie sich dazu einige Aufgaben an! ———————▶ 53 D
Wenn Sie auch bei anderen Aufgaben Schwierigkeiten hatten, empfehlen wir Ihnen, folgende Programmschritte durchzuarbeiten. ———————▶ 49 B

---

51 D

Sie müßten sinngemäß formuliert haben:

(11) Der Logarithmus eines Produktes ist gleich der Summe der Logarithmen der einzelnen Faktoren.
(12) Der Logarithmus eines Quotienten ist gleich der Differenz der Logarithmen von Dividend und Divisor.
(13) Der Logarithmus einer Potenz ist gleich dem Produkt aus dem Exponenten und dem Logarithmus der Basis. ———————▶ 49 B

52 A

Ihr Ergebnis ist falsch. Sie müssen die binomischen Formeln beachten. Lösen Sie die Aufgabe noch einmal! ──────────► 53 B

52 B

Sie müssen $7 \lg \dfrac{\sqrt{a}}{b}$ oder ein dazu äquivalentes Ergebnis erhalten haben.

Lösen Sie analog die schon einmal begonnene Aufgabe! ──────────► 53 B

52 C

Das ist noch kein Endergebnis!
Beachten Sie, daß $\ln e = 1$ ist! ──────────► 51 A

52 D

Ihr Ergebnis ist falsch. Beachten Sie, daß
$a^2 - b^2 \neq (a-b)^2$. ──────────► 51 B

52 E

Die richtigen Ergebnisse sind

1. $\dfrac{1}{5} \lg a + \dfrac{1}{2} \lg (a + b)$

2. $4 + \dfrac{1}{3}\left[\ln(a - b) - \ln(a + b)\right]$

3. $4 + \lg c + \lg (a + b) - 2 \lg a - \lg (a - b)$

4. $\dfrac{1}{6} \lg a^3 b$ 5. $\dfrac{7}{3}$

Wir hoffen, daß Sie Ihre Kenntnisse über Logarithmengesetze gefestigt haben und in der Lage sind, die folgenden Logarithmengleichungen zu lösen. ──────────► 56 A

52 F

Das richtige Ergebnis ist

$4 + \dfrac{3}{2} = \dfrac{11}{2}$. ──────────► 50 D

53 A

Ihr Ergebnis ist richtig.

──────► 53 B

53 B

Fassen Sie zusammen, und vereinfachen Sie weitgehend
$2 \lg(a^2 - b^2) - \lg(a - b)^2 + \lg 2$.

──────► 51 B

53 C

Ihr Ergebnis ist richtig.

──────► 53 D

53 D

Berechnen Sie
$\log_2 8 + \log_5 \sqrt{125}$.

──────► 50 A

53 E

Haben Sie das richtige Ergebnis $\dfrac{31}{6}$ erhalten?

Ja

──────► 53 F

Nein
Wir nehmen an, daß Sie Schwierigkeiten beim Umformen des zweiten oder dritten
Summanden hatten. Sehen Sie sich deshalb folgendes Beispiel an! ──────► 54 A

53 F

Berechnen Sie den Wert für

$\log_4 \log_3 \log_2 8$.

Sie kommen günstig zum Ziel, wenn Sie in folgender Weise Klammern setzen:
$\log_4 [\log_3 (\log_2 8)]$.

──────► 55 A

53 G

Sie konnten die Aufgabe nicht lösen. Wir wollen deshalb den Lösungsweg einer ähn-
lichen Aufgabe finden.
Es ist $3 \lg a - 7 \lg b + \lg \sqrt{a}$ zusammenzufassen.
Formen Sie $3 \lg a$ und $7 \lg b$ nach Gesetz (13) aus 49 B um!

──────► 50 C

53 H

Gewiß haben Sie als Ergebnis 1 erhalten.

──────► 55 B

Es ist $\log_{25} 125 + \log_{32} 2$ zu berechnen.

Es gibt mehrere Möglichkeiten, beide Logarithmen zu berechnen. Sehen wir uns zwei Lösungswege an:

Variante I: Wir versuchen, wie bei den bisherigen Aufgaben, das Argument als Potenz der Basis darzustellen.

Es gilt $125 = (\sqrt{25})^3$ und $2 = \sqrt[5]{32}$.
Also wird

$$\log_{25} 125 + \log_{32} 2 = \log_{25} (\sqrt{25})^3 + \log_{32} \sqrt[5]{32}$$

$$= \frac{3}{2} \log_{25} 25 + \frac{1}{5} \log_{32} 32$$

$$= \frac{3}{2} + \frac{1}{5} = \underline{\underline{\frac{17}{10}}}.$$

Variante II: Wir wenden zum Lösen der Aufgabe die Beziehung

$$\boxed{\log_b a = \frac{\log_c a}{\log_c b}}$$

an. Im allgemeinen wählt man $c = 10$ oder $c = e$, um die Logarithmen in einer Tabelle aufsuchen und die entstehenden Brüche berechnen zu können. Bei der weiteren Rechnung werden Sie sehen, daß die Festlegung $c = 10$ in unserem Fall nicht erforderlich wäre, da sich die entstehenden Logarithmen kürzen lassen.

$$\log_{25} 125 + \log_{32} 2 = \frac{\lg 125}{\lg 25} + \frac{\lg 2}{\lg 32}$$

$$= \frac{\lg 5^3}{\lg 5^2} + \frac{\lg 2}{\lg 2^5}$$

$$= \frac{3 \lg 5}{2 \lg 5} + \frac{\lg 2}{5 \lg 2}$$

$$= \frac{3}{2} + \frac{1}{5} = \underline{\underline{\frac{17}{10}}}.$$

Sie sehen, daß wir auf beiden Wegen zum gleichen Ergebnis gelangt sind.

Lösen Sie die schon einmal begonnene Aufgabe! $\longrightarrow$ 50 D

55 A

Haben Sie als Ergebnis 0, dann haben Sie die Aufgabe richtig gelöst:

—————————→ 55 B

Sind Sie nicht zu diesem Ergebnis gekommen, dann sehen Sie sich den Lösungsweg der Aufgabe an!

$$\log_4 [\log_3(\log_2 8)] = \log_4[\log_3(\log_2 2^3)] = \log_4[\log_3(3)] = \log_4[1] = 0 \,.$$

Bestimmen Sie auf die gleiche Weise

$$\log_2 \log_2 \log_2 16 \,.$$

—————————→ 53 H

55 B

Lösen Sie zur Übung noch folgende Aufgaben!

1. Unter Verwendung der Logarithmengesetze sollen umgeformt werden:

1.1. $\lg \sqrt[10]{a^2(a+b)^5}$ 1.2. $\ln\left(e^4 \sqrt[3]{\dfrac{a^2-b^2}{(a+b)^2}}\right)$ 1.3. $\lg \dfrac{10\,000\,c(a+b)^2}{a^2(a^2-b^2)}$

2. Fassen Sie weitgehend zusammen!

$\dfrac{1}{2} \lg \sqrt[3]{b} + 2 \lg a - 3 \lg \sqrt{a}$

3. Berechnen Sie $\log_{125} 5 + \log_3 \log_2 512$

—————————→ 52 E

55 C

Gegeben sei die logarithmische Gleichung

$$\log_{100} (2x-1) + \lg \sqrt{x-9} = 1 \,.$$

1. Zu bestimmen ist der Grundbereich.
2. Die Gleichung ist so umzuformen, daß nur noch dekadische Logarithmen auftreten.

Lösungsweg:

1. Beim Bestimmen des Grundbereichs D haben wir die Menge der Zahlen x zu ermitteln, für die gilt:

$2x - 1 > 0 \quad \text{und} \quad x - 9 > 0$

$\qquad x > \dfrac{1}{2} \quad \text{und} \qquad x > 9 \,.$

Damit ist $D: x > 9$.

2. Weil $\log_{100}(2x - 1) = \dfrac{\lg (2x-1)}{\lg 100} = \dfrac{\lg (2x-1)}{2}$

ist, erhält die Gleichung die Form

$\dfrac{1}{2} \lg (2x - 1) + \lg \sqrt{x-9} = 1 \,.$

—————————→ 56 B

56 A

In einer **logarithmischen Gleichung** kann die Variable im Argument oder als Basis logarithmischer Terme auftreten.
Grundsätzlich müssen Sie folgendes beachten:

1. Beim Bestimmen des Grundbereichs muß berücksichtigt werden, daß Logarithmen nur für positive Argumente und von 1 verschiedene positive Basen erklärt sind.
2. Wenn die vorkommenden Logarithmen verschiedene Basen besitzen, ist eine Umrechnung nach

$$\log_b x = \frac{\log_a x}{\log_a b}$$

vorzunehmen. ────────► 55 C

56 B

Beim Lösen **logarithmischer Gleichungen** können Sie folgendermaßen verfahren:

1. Für $a > 0$, $a \neq 1$, $b > 0$ gilt

   $\log_a b = n$ ist äquivalent $b = a^n$.

   Diese Äquivalenz läßt sich auf Gleichungen der Form

   $\log_a T(x) = b$ bzw. $\log_a T_1(x) = \log_a T_2(x)$ anwenden.

   Damit gilt:

   $\log_a T(x) = b$ ist äquivalent $T(x) = a^b$ bzw.
   $\log_a T_1(x) = \log_a T_2(x)$ ist äquivalent $T_1(x) = T_2(x)$.

2. Tritt die **Variable als Basis** logarithmischer Terme auf, dann versucht man, durch Anwendung der Logarithmengesetze die gegebene Gleichung auf die Form $\log_x a = b$ zu bringen und mittels der Definition des Logarithmus die Gleichung zu lösen.
3. Treten **Potenzen logarithmischer Terme** auf, so ist der logarithmische Term durch eine algebraische Größe zu substituieren. Eine Substitution ist auch dann sinnvoll, wenn Logarithmen als Argumente von Logarithmen auftreten. ────────► 57 B

56 C

Bestimmen Sie nun die Lösungsmenge der Gleichung

$\ln (x^2 + 4x + 2) - \ln (x + 12) = 0$. ────────► 59 D

57 A

Gewiß haben Sie sich überlegt, daß $\lg (x + 2) = 3$ äquivalent $x + 2 = 10^3$ ist.
Damit ist das richtige Ergebnis $L = \{998\}$.
Lösen Sie nun $\lg(2x + 1) - \lg x - 3 = 0$. ————► 59 C

---

57 B

Wir wollen nun die Lösungsmenge der in 55 C gegebenen und dort umgeformten Gleichung bestimmen. Wir erhielten

$$\frac{1}{2}\lg(2x - 1) + \lg \sqrt{x - 9} = 1 \quad \text{mit } D: \, x > 9 .$$

Lösungsweg: Durch Anwenden von Logarithmengesetzen auf die Gleichung erhalten wir

$$\frac{1}{2}\lg(2x - 1) + \frac{1}{2}\lg(x - 9) = 1 \qquad \text{nach (13) aus 49 B}$$

und $\lg[(2x - 1)(x - 9)] = 2 \qquad$ nach (11) .

Wir erhalten nach 1. aus 56 B

$$(2x - 1)(x - 9) = 10^2$$

und durch elementare Umformungen

$$2x^2 - 19x - 91 = 0 .$$

Lösen Sie diese quadratische Gleichung, und geben Sie die Lösungsmenge der Ausgangsgleichung an! ————► 59 B

---

57 C

Sie kommen sicher zum richtigen Ergebnis, wenn Sie beachten:
$\log_a T_1(x) = \log_a T_2(x)$ ist äquivalent $T_1(x) = T_2(x)$.
Lösen Sie die Aufgabe erneut! ————► 56 C

---

57 D

Ihr Ergebnis ist richtig. ————► 56 C

---

57 E

Haben Sie als Ergebnis $L = \{3\}$ erhalten?
Ja ————► 58 E
Nein ————► 60 B

---

57 F

Die richtige Ergänzung ist 1. ————► 58 C

58 A

Lösen Sie $\ln x - \ln a = b$ mit $a > 0$. Sie können analog zur eben gelösten Aufgabe vorgehen.

————————→ 61 D

58 B

Bisher traten in den Gleichungen dekadische Logarithmen (Basis 10) und natürliche Logarithmen (Basis e) auf. Das muß nicht immer so sein. Das Lösen der Gleichung $\log_7 x = 3$ bereitet keine zusätzlichen Schwierigkeiten.

Aus $\log_7 x = 3$ folgt nach Hinweis 1. aus 56 B
$x = 7^3$ und $L = \{343\}$.

————————→ 58 C

58 C

Der in 58 B dargelegte Gedanke muß beim Lösen der Aufgabe $\log_3 \log_4 x = 0$ zweimal angewendet werden.

Aus $\log_3 \log_4 x = 0$ folgt $\log_4 x = 3^0$
bzw. $\log_4 x = 1$ und daraus $x = 4^1$.

Zum Lösen der gestellten Aufgabe kann auch $\log_4 x = z$ substituiert werden. Es entsteht

$\log_3 z = 0$ und daraus $z = \underline{\hspace{3cm}}$.

— 57 F ⌐

Nun ist noch die Substitutionsgleichung

$\log_4 x = z = \underline{\hspace{2cm}}$ zu lösen.

Sie erhalten $L = \{\underline{\hspace{3cm}}\}$!

————————→ 60 F

58 D

Gewiß sind Sie zum richtigen Ergebnis
$L = \{27\}$ gekommen.

————————→ 61 B

Haben Sie ein anderes Ergebnis, dann kann es sich nach unserer Überzeugung nur um Rechenfehler handeln. Überprüfen Sie Ihre Rechnung!

————————→ 61 F

58 E

Ihr Ergebnis ist richtig. Sie haben gewissenhaft gearbeitet. Weiter so!

————————→ 62 B

59 A

Ihr Ergebnis ist richtig.
Arbeiten Sie weiter so gewissenhaft! ─────────► 58 B

59 B

Die Lösungsmenge ist $L = \{13\}$ ($-\frac{7}{2}$ ist in D nicht enthalten).
Lösen Sie nun die Gleichung

$\lg(x + 2) = 3$. ─────────► 57 A

59 C

Ihr Ergebnis lautet

$L = \left\{\dfrac{1}{998}\right\}$ ─────────► 57 D

$L = \{1\}$ ─────────► 60 C

anders als hier angegeben ─────────► 60 A

59 D

Sie haben als Ergebnis

$L = \{2\}$ ─────────► 60 E

$L = \{-5 \; ; \; 2\}$ ─────────► 61 C

Sie sind mit der Aufgabe nicht zurecht gekommen. ─────────► 57 C

59 E

Ihr Ergebnis ist falsch.
Bestimmen Sie zunächst die Lösungsmenge der Gleichung

$\log_4 \log_7 x = 0$.

(Erinnern Sie sich an die Darlegungen in 58 C) ─────────► 61 A

59 F

Ihre Ergänzungen müssen $(4\sqrt{2})^2$ / $\{32\}$ lauten.
Es ist nun die Lösungsmenge der Gleichung

$\log_x 9 = 1 + \log_x 3$ zu bestimmen. ─────────► 57 E

59 G

Sie haben ein richtiges Zwischenergebnis. Da $e^{b + \ln a} = e^b e^{\ln a}$ und $e^{\ln a} = a$ ist, entsteht daraus unmittelbar $x = a\,e^b$. ─────────► 58 B

60 A

Ihr Ergebnis ist falsch. Lösen Sie die Gleichung $\lg(2x + 1) - \lg x - 3 = 0$
noch einmal! Fassen Sie zunächst die logarithmischen Ausdrücke zusammen, und erinnern Sie sich daran, wie Sie die Aufgabe 59 B gelöst haben! ────────► 59 C

---

60 B

Sie sind nicht zum richtigen Ergebnis gelangt. Offensichtlich haben Sie beim Lösen dieser Aufgabe nicht sorgfältig genug gearbeitet. Auch hier gilt:

Aus $\quad \log_x a = 1 + \log_x b \quad$ bzw. $\quad \log_x a - \log_x b = 1$

folgt $\quad \log_x \dfrac{a}{b} = 1 \quad$ und $\quad \dfrac{a}{b} = x^1$.

Diese Hinweise müßten zum Lösen\der Gleichung

$\log_x 9 = 1 + \log_x 3$ genügen. ────────► 62 C

60 C

Ihr Ergebnis ist falsch. Aus $\lg(ax + b) = c$ folgt **nicht** $ax + b = c$. Die gleichen Überlegungen waren bereits beim Lösen der Aufgabe in 59 B notwendig.
Lösen Sie die Gleichung $\lg(2x + 1) - \lg x - 3 = 0$ noch einmal!
────────► 59 C

---

60 D

Das ist erst ein Zwischenergebnis. Sie müssen noch die Substitution rückgängig machen.
Führen Sie das aus, und vergleichen Sie danach erneut! ────────► 62 A

60 E

Ihr Ergebnis ist falsch. Ihre Überlegungen bezüglich des Grundbereichs enthalten einen Fehler. Der Grundbereich D ist

$$-12 < x < -2 - \sqrt{2} \quad \textbf{oder} \quad -2 + \sqrt{2} < x < \infty .$$

Damit ist auch -5 Lösung dieser Gleichung. ────────► 58 A

60 F

Sie müssen 1 / 4 ergänzt haben.
Bestimmen Sie nun die Lösungsmenge der Gleichung

$\log_5 \log_2 (ax) = 1 \quad$ mit $\quad a \neq 0$. ────────► 62 A

61 A

Gewiß sind Sie über $\log_5 \log_7 x = 0$ zu $\log_7 x = 1$ und damit zu $x = 7$ und $L = \{7\}$ gekommen.

Bestimmen Sie nun erneut die Lösungsmenge der Gleichung

$$\log_5 \log_2 (ax) = 1 \quad \text{mit} \quad a \neq 0 .$$

——————→ 62 A

61 B

Zu lösen ist die Gleichung

$$\log_x \sqrt{2} + \log_x 4 = \frac{1}{2} .$$

Lösungsweg: Durch Anwendung der Logarithmengesetze folgt

$$\log_x \left(4 \sqrt{2}\right) = \frac{1}{2} \quad \text{und} \quad \log_x \left(4 \sqrt{2}\right)^2 = 1 .$$

Weil $\log_a b = n$ äquivalent zu $b = a^n$ ist, erhalten Sie für die gestellte Aufgabe

.... $= x^1$ und $L =$ ....

——————→ 59 F

61 C

Ihr Ergebnis ist richtig.

——————→ 58 A

61 D

Haben Sie als Ergebnis

$L = \{ab\}$

——————→ 62 D

$L = \{ae^b\}$

——————→ 59 A

$L = \{e^{b + \ln a}\}$

——————→ 59 G

Sie haben ein anderes Ergebnis.

——————→ 63 A

61 E

Ihr Ergebnis ist richtig.

——————→ 61 F

61 F

Ermitteln Sie die Lösungsmenge der Gleichung

$$\log_5 \log_3 \log_3 x = 0$$

——————→ 58 D

62 A

Sie haben

$L = \{5\}$ ⟶ 60 D

$L = \{32\}$ ⟶ 64 B

$L = \left\{\dfrac{32}{a}\right\}$ ⟶ 61 E

ein anderes Ergebnis   ⟶ 59 E

62 B

Lösen Sie

$$\frac{1}{2}\,(\lg x)^2 = 2 - \frac{3}{2}\,\lg x \, .$$

Hinweis: Wir erinnern an 56 B (3.).

⟶ 64 A

62 C

Die Lösungsmenge ist $L = \{3\}$.

⟶ 62 B

62 D

Ihr Ergebnis ist falsch. Aus $\log_a T(x) = b$ folgt **nicht** $T(x) = t$.
Lösen Sie die Aufgabe noch einmal!

⟶ 58 A

62 E

Das ist erst ein Zwischenergebnis. Sie müssen nun noch die Substitution rückgängig
machen!

⟶ 64 A

62 F

Lösen Sie

1. $3\sqrt{\lg x} - \lg x = 2$
2. $\lg 16x^2 - \lg 8x^2 = 2 \lg 4x^2 - \lg x^2 - \lg 8$
3. $\lg(2x + 3) = \lg(x + 1) + 1$
4. $\log_4 \log_3 \log_2 x = 0$
5. $\log_x 8 + \log_x 2 = 2$

Kontrollieren Sie, ob Sie zu den richtigen Ergebnissen gekommen sind!

⟶ 64 D

63 A

Ihr Ergebnis ist falsch. Sie werden die Aufgabe gewiß lösen können, wenn Sie beachten:
Aus

$\ln u - \ln v = w$

folgt

$\ln \dfrac{u}{v} = w$ und $\dfrac{u}{v} = e^w.$

Lösen Sie $\ln x - \ln a = b$ mit $a > 0$ erneut! ———————→ 61 D

---

63 B

Daß Sie trotz des Hinweises Schwierigkeiten hatten, ist überraschend. Dem Hinweis sollten Sie entnehmen, daß bei dieser Aufgabe die Substitution $z = \lg x$ sinnvoll ist. Damit erhalten Sie eine quadratische Gleichung, die Sie ohne Schwierigkeiten lösen können ($z_1 = 1$; $z_2 = -4$). Nun ist nur noch die Substitution rückgängig zu machen, indem Sie die gefundenen z-Werte in die Substitutionsgleichung einsetzen und daraus x_1 und x_2 bestimmen. ———————→ 65 C

---

63 C

Nach der Substitution $\lg x = z$ haben Sie gewiß die quadratische Gleichung $z^2 - z - 2 = 0$ mit den Lösungen $z_1 = -1$ und $z_2 = 2$ erhalten und daraus als Lösungsmenge der Ausgangsgleichung $L = \{10^{-1}; 10^2\}$ ermittelt. Konzentrieren Sie sich nun auf die nächsten Aufgaben! ———————→ 62 F

---

63 D

Ihr Ergebnis ist falsch. Logarithmen existieren nur für positive reelle Zahlen, schon deshalb kann Ihre „Lösungsmenge" nicht richtig sein. Beachten Sie die Definition des Logarithmus, und korrigieren Sie Ihren Fehler! ———————→ 64 A

---

63 E

Sie haben das richtige Ergebnis. Konzentrieren Sie sich nun auf die nächsten Aufgaben! ———————→ 62 F

64 A

Sie haben

$L = \{-4 \; ; \; 1\}$ $\longrightarrow$ 62 E

$L = \{-0{,}6021 \; ; \; 0\}$ $\longrightarrow$ 63 D

$L = \{10^{-4} \; ; \; 10\}$ $\longrightarrow$ 63 E

kein oder ein anderes Ergebnis $\longrightarrow$ 63 B

64 B

Sie sind mit Ihrer Rechnung noch nicht fertig. Sie hatten $ax = z$ substituiert. Das muß noch rückgängig gemacht werden. $\longrightarrow$ 62 A

64 C

Bestimmen Sie die Lösungsmenge der Gleichung

$$(\lg x)^2 - \frac{1}{2} \lg x^2 = 2 \, .$$
$\longrightarrow$ 63 C

64 D

Die Lösungsmengen sind

1. $L = \{10; 10\,000\}$
2. $L = \{-1; 1\}$
3. $L = \left\{ -\frac{7}{8} \right\}$
4. $L = \{8\}$
5. $L = \{4\}$

Wir hoffen, daß Sie alle Aufgaben erfolgreich gelöst haben. Wenn Sie jedoch mehr als zwei Aufgaben nicht lösen konnten, dann ist es ratsam, mit der Arbeit nochmals von vorn zu beginnen. Sie werden dafür bedeutend weniger Zeit benötigen.

$\longrightarrow$ 56 A

Bevor Sie sich mit Exponentialgleichungen beschäftigen, raten wir Ihnen, eine Pause einzulegen.
Dann $\longrightarrow$ 65 A

65 A

Eine Gleichung heißt **Exponentialgleichung,** wenn die Variable mindestens in einem Exponenten auftritt. Ein allgemeiner Lösungsweg läßt sich nicht angeben. Versuchen Sie folgende Lösungsschritte:

1. Falls nötig, Zurückführung auf die Form $a^x = b$ bzw. auf Produkte auf beiden Seiten der Gleichung (unter Beachtung der Potenzgesetze).
2. Logarithmieren der Gleichung
Einfache Fälle lassen sich durch Exponentenvergleich bzw. Substitution lösen.

Wenden Sie diese Hinweise beim Lösen der folgenden Aufgaben an! Dabei werden Ihnen Ihre Kenntnisse über Logarithmen und logarithmische Gleichungen eine wertvolle Hilfe sein.

Vorkontrolle V6 zu Exponentialgleichungen

1. $9^{\frac{3,5x-2,5}{10x-3}} = 3^{\frac{5x-3}{6x+1}}$

2. $a^{mx-p} = b^{nx-q}, \quad a > 0, \quad b > 0, \quad m \neq 0, \quad n \neq 0$

3. $7^{2x-1} - 3^{3x-2} = 7^{2x+1} - 3^{3x+2}$

(Führen Sie die Rechnung mit Hilfe eines geeigneten Hilfsmittels bis zur numerischen Lösung aus!)

4. $\lg(3^{\sqrt{x}+1} + 1) - 1 = \lg(3 \cdot 3^{\sqrt{x}} - 5) - \lg 4$ ────────→ 67 A

---

65 B

Ihr Ergebnis ist falsch. Sie haben beim Lösen der quadratischen Gleichung einen Fehler begangen. Außerdem kann $x_2 = -1$ schon deshalb nicht Lösung der Ausgangsgleichung sein, da es nicht zum Grundbereich gehört.
Korrigieren Sie Ihren Fehler! ────────→ 66 A

65 C

Gewiß haben Sie als Lösungsmenge
$L = \{10^{-4}; 10\}$ ermittelt. ────────→ 64 C

66 A

Sie haben

$L = \{-1 ; 7\}$ ——————▶ 65 B

$L = \{-7 ; 1\}$ ——————▶ 68 C

Sie konnten die Aufgabe nicht lösen. ——————▶ 69 A

---

66 B

Ihr Ergebnis ist zwar als Zwischenergebnis richtig, läßt sich aber noch kürzen. Vorteilhafter ist die Rechnung, wenn Sie beachten, daß $\left(\dfrac{a}{b}\right)^{m} = \left(\dfrac{b}{a}\right)^{-m}$ ist. ——————▶ 70 C

---

66 C

Schauen Sie sich deshalb das folgende Beispiel an!
Es ist die Lösungsmenge der Gleichung

$2^{4x+3} = 4 \cdot 3^x$ zu bestimmen.

Lösungsweg:

Logarithmieren der Gleichung $2^{4x+3} = 4 \cdot 3^x$ führt auf

$\lg(2^{4x+3}) = \lg(4 \cdot 3^x)$ und auf

$(4x+3)\lg 2 = \lg 4 + x \lg 3$ nach (11) und (13).

Damit ist eine lineare Gleichung entstanden, die durch elementare Umformungen gelöst wird:

$4x \lg 2 + 3 \lg 2 = \lg 4 + x \lg 3$

$$x = \frac{\lg 4 - 3 \lg 2}{4 \lg 2 - \lg 3} = \frac{-\lg 2}{4 \lg 2 - \lg 3} = \frac{-0{,}301}{4 \cdot 0{,}301 - 0{,}477} = -0{,}414$$

$\underline{\underline{L = \{-0{,}414\}}}$

——————▶ 67 D

67 A

Die Lösungsmengen sind:

1. $L = \left\{ 1 ; \dfrac{7}{4} \right\}$

2. $L = \left\{ \dfrac{p \lg a - q \lg b}{m \lg a - n \lg b} ; \quad m \lg a - n \lg b \neq 0 \right\}$

3. $L = \{0{,}435\}$

4. $L = \{1\}$

Haben Sie alle Aufgaben richtig gelöst, dann ist es nicht erforderlich, den vorliegenden
Programmabschnitt durchzuarbeiten. ───────► 75 A
Haben Sie die erste Aufgabe richtig gelöst?
Ja ───────► 69 B
Nein ───────► 68 B

67 B

Ihr Ergebnis ist als Zwischenergebnis richtig, entspricht jedoch noch nicht der gefor-
derten numerischen Lösung.
Rechnen Sie die Aufgabe zu Ende! ───────► 68 F

67 C

Ihr Ergebnis ist falsch.
Mit der Bemerkung „Rechnen Sie vorteilhaft" meinten wir die Anwendung von
$$\left(\frac{a}{b}\right)^m = \left(\frac{b}{a}\right)^{-m}.$$

Lösen Sie die Aufgabe noch einmal! ───────►68 D

67 D

Bestimmen Sie die Lösungsmenge der Gleichung
$$m^{qx} n^{rx-s} - m^{t-qx} = 0, \quad m > 0, \quad n > 0, \quad r \neq 0, \quad q \neq 0. \qquad \text{───────► 69 C}$$

67 E

Ihr Ergebnis ist falsch. Formen Sie zunächst 4^{2x+3} nach den Potenzgesetzen um, indem
Sie $4 = 2^2$ beachten, und fassen Sie danach Potenzen mit gleichen Basen zusammen,
klammern Sie dabei günstig aus!
Welche Gleichung erhalten Sie? ───────► 68 A

68 A

Nach dem Ausklammern müßten Sie

$2^{4x+3} (2^3 - 1) = 3^x (1 + 3^3)$ erhalten haben.

Daraus entsteht $2^{4x+3} = 4 \cdot 3^x$.
Diese Gleichung wurde bereits in 66 C gelöst.
Schauen Sie sich das an!

— 66 C ⟶ 70 E

68 B

Beschäftigen Sie sich zunächst mit Exponentialgleichungen, die sich durch Exponentenvergleich lösen lassen!
Lösen Sie

$4^{x-2} = 2^{\frac{2x-6}{x+1}}$ ... wait

$4^{\frac{2x-1}{x-2}} = 2^{\frac{2x-6}{x+1}}$.

⟶ 66 A

68 C

Ihr Ergebnis ist richtig. Lösen Sie nun die nächste Aufgabe!

⟶ 68 D

68 D

Bestimmen Sie die Lösungsmenge der Gleichung

$$\left(\frac{4}{5}\right)^{2x-3} = \left(\frac{5}{4}\right)^{3x+5}$$

Rechnen Sie vorteilhaft!

⟶ 70 C

68 E

Ihr Ergebnis ist richtig.
Hatten Sie im Eingangstest die zweite Aufgabe richtig gelöst?
Ja

⟶ 67 D

Nein

⟶ 66 C

68 F

Sie haben

$L = \{-0,414\}$

⟶ 71 B

$L = \left\{ \dfrac{\lg 4 - \lg 8}{\lg 16 - \lg 3} \right\}$

⟶ 67 B

ein anderes Ergebnis

⟶ 67 E

69 A

Schreiben Sie 4 als 2^2. Dann haben Sie auf beiden Seiten der Gleichung gleiche Basen und können Exponentenvergleich durchführen, denn
Potenzen sind gleich, wenn ihre Basen und Exponenten übereinstimmen.

───────────► 66 A

69 B

Wir nehmen an, daß Ihnen Exponentialgleichungen, die sich durch Exponentenvergleich lösen lassen, keine Schwierigkeiten bereiten. Sie brauchen sich deshalb mit diesem Teil des Programmabschnittes nicht zu beschäftigen.
Hatten Sie auch die zweite Aufgabe richtig gelöst?
Ja ───────────► 67 D
Nein ───────────► 66 C

69 C

Sie haben die Lösungsmenge

$$L = \left\{ \frac{s \lg n + t \lg m}{r \lg n + 2q \lg m}, \quad r \lg n + 2q \lg m \neq 0 \right\}.$$ ───────────► 70 D

Sie konnten die Aufgabe nicht lösen. ───────────► 70 A

69 D

Das richtige Ergebnis lautet

$$L = \left\{ \frac{m \lg c}{\lg c - \lg a - m \lg b} \right\}$$

bzw.

$$L = \left\{ \frac{m \lg c}{\lg c - \lg ab^m} \right\}.$$

Sie gelangen dorthin nach elementaren Umformungen:

$a^x b^{mx} = c^{x-m}$

$a^x (b^m)^x = c^{x-m}$

$x \lg ab^m = (x - m) \lg c.$

Diese Gleichung muß nur noch nach x aufgelöst werden. ───────────► 70 D

70 A

Wir wollen Ihnen beim Lösen der Aufgabe helfen.
Ergänzen Sie die Leerstellen!
Zu lösen war die Gleichung $m^{qx}n^{-rx-s} - m^{t-qx} = 0$.

Lösungsweg:

Um logarithmieren zu können, fassen wir Potenzen mit gleicher Basis zusammen:
$n^{\cdots\cdots} = m^{\cdots\cdots}$.

Nach dem Logarithmieren entsteht
$(\ldots\ldots) \lg n = (\ldots\ldots) \lg m$.

───────────── ► 72 A

70 B

Haben Sie als Lösungsmenge $L = \{16\}$?
Ja
Nein

───────────── ► 71 E
───────────── ► 73 A

70 C

Sie haben

$$L = \left\{ -\frac{2}{5} \right\}$$

───────────── ► 68 E

$$L = \left\{ \frac{2(\lg 5 - \lg 4)}{5(\lg 4 - \lg 5)} \right\}$$

───────────── ► 66 B

ein anderes Ergebnis

───────────── ► 67 C

70 D

Lösen Sie nun $4^{2x+3} - 3^x = 2^{4x+3} + 3^{x+3}$.
Führen Sie die Rechnung mit Hilfe eines geeigneten Rechenhilfsmittels bis zur numerischen Lösung aus!

───────────── ► 68 F

70 E

Lösen Sie die Gleichung

$$9^{2x+1} + 4^x - 2^{2x+3} + 3^{4x-1} = 0$$

───────────── ► 72 E

71 A

Sie haben die Aufgabe bis zu dieser Stelle gelöst. Wie in den vorangegangenen Aufgaben erwarten wir auch hier eine numerische Lösung. Beachten Sie: $\lg \lg a = \lg(\lg a)$. Es ist also zuerst $\lg a$ zu berechnen und von dem Ergebnis nochmals der Logarithmus zu bilden.

———————→ 73 C

71 B

Ihr Ergebnis ist richtig.
Arbeiten Sie weiter so gewissenhaft!

———————→ 71 D

71 C

Die Lösungsmenge der Ausgangsgleichung lautet

$$L = \left\{ \frac{s \lg n + t \lg m}{r \lg n + 2q \lg m} \right\}.$$

Lösen Sie noch die Gleichung

$$a^x b^{mx} = c^{x-m}.$$

———————→ 69 D

71 D

Bestimmen Sie die Lösungsmenge der Gleichung

$$10^{(4^x)} = 12^{(5^x)}.$$

———————→ 73 C

71 E

Bestimmen Sie zum Abschluß noch die Lösungsmengen der folgenden Gleichungen!

1. $a^{n-x} = 2b^x$; $\quad a > 0$, $\quad b > 0$, $\quad a \neq \dfrac{1}{b}$

2. $2^{(3^x)} = 3^{(2^x)}$

3. $3^{2x+1} - 5^{x-1} = 3^{2x+3} - 5^{x+1}$

4. $\lg (2^{\sqrt{x}-1} - 6) - 1 = -\lg \dfrac{5}{2} + \lg (2^{\sqrt{x}} 2^{-1} - 3)$

———————→ 73 D

72 A

Die Ergänzungen sind:

$rx - s \ / \ t - 2qx \ / \ rx - s \ / \ t - 2qx$.

Die damit entstehende lineare Gleichung

$(rx - s) \lg n = (t - 2qx) \lg m$

müßten Sie ohne Schwierigkeiten lösen können. ──────➤ 71 C

72 B

Gewiß haben Sie als Zwischenergebnis

$$x = \frac{\lg \lg 12}{\lg 4 - \lg 5}$$

und daraus die Lösungsmenge $L = \{-0,342\}$ erhalten.
Lösen Sie in ähnlicher Weise $3^{(4x)} = 4^{(3x)}$. ──────➤ 74 B

72 C

Bestimmen Sie noch die Lösungsmenge der Gleichung

$\lg (4^{-1} \cdot 2^{\sqrt{x}} + 1) - 1 = \lg (2^{\sqrt{x} - 2} - 2) - 2 \lg 2$. ──────➤ 70 B

72 D

Zu bestimmen ist die Lösungsmenge der Gleichung

$\lg (2^{4x} \cdot 10) + \lg 8 + 1 = \lg (4 \cdot 3^x) + 2$. ──────➤ 74 D

72 E

Sie werden nach dem Zusammenfassen auf $4 \cdot 3^{4x-1} = 2^{2x}$ oder eine dazu äquivalente Gleichung gestoßen sein. Daraus erhält man die Lösungsmenge

$L = \{-0,0957\}$. ──────➤ 71 D

72 F

Da die Aufgabe der vorigen sehr ähnlich war, nehmen wir an, daß Sie zum richtigen Ergebnis $L = \{1\}$ gekommen sind. ──────➤ 71 E

73 A

Formen Sie um:

$1 = \lg 10$ und $2 \lg 2 = \lg 4$.

Fassen Sie dann zusammen, und vergleichen Sie die Argumente der auf beiden Seiten der Gleichung entstandenen logarithmischen Funktionen! ──────────▶ 74 E

---

73 B

Die Aufgabe können Sie auf zwei Wegen lösen:
Entweder

    verwenden Sie $1 = \lg 10$ und $2 = \lg 100$
    und fassen dann nach Logarithmengesetzen zusammen,
oder

    Sie zerlegen die Logarithmen der Produkte und vereinfachen auf diese Weise die Aufgabe.

Wir empfehlen Ihnen, **beide** Wege zu gehen. ──────────▶ 72 D

---

73 C

Sie haben als Ergebnis

$L = \{-0,342\}$ ──────────▶ 74 C

$L = \left\{ \dfrac{\lg \lg 12}{\lg 4 - \lg 5} \right\}$ ──────────▶ 71 A

keines der angegebenen Ergebnisse ──────────▶ 74 A

---

73 D

Die Lösungsmengen sind

1. $L = \left\{ \dfrac{n \lg a - \lg 2}{\lg a + \lg b} \right\}$

2. $L = \{1,136\}$

3. $L = \{-2,738\}$

4. $L = \emptyset$

    Falls Sie $L = \{4\}$ als Lösungsmenge ermittelt haben, haben Sie offensichtlich richtig gerechnet. Beim Durchführen der Probe hätten Sie jedoch merken müssen, daß dies keine Lösung ist.

Auch wenn Ihnen dieser Abschnitt Schwierigkeiten bereitet hat, arbeiten Sie nach einer kleinen Pause weiter! ──────────▶ 75 A

74 A

Sie konnten die Aufgabe nicht bewältigen. Nach wenigen Umformungen ist die Aufgabe den bisher gerechneten sehr ähnlich.

Aus $10(4^x) = 12(5^x)$ folgt nach Logarithmieren

$4^x \lg 10 = 5^x \lg 12$.

Da $\lg 10 = 1$, folgt $4^x = 5^x \lg 12$.
Lösen Sie die Aufgabe zu Ende!

$\longrightarrow$ 72 B

74 B

Als Zwischenergebnis müßten Sie

$$x = \frac{\lg \lg 4 - \lg \lg 3}{\lg 4 - \lg 3}$$

erhalten haben und daraus die Lösungsmenge

$L = \{0{,}809\}$.

$\longrightarrow$ 72 D

74 C

Ihr Ergebnis ist richtig.

$\longrightarrow$ 72 D

74 D

Sind Sie zur Lösungsmenge $L = \{-0{,}414\}$ gelangt?
Ja
Nein

$\longrightarrow$ 72 C
$\longrightarrow$ 73 B

74 E

Nach sorgfältiger Rechnung werden Sie über

$$\frac{2^{\sqrt{x}} + 4}{4 \cdot 10} = \frac{2^{\sqrt{x}-2} - 2}{4}$$

zu $\sqrt{x} = 4$ und damit zu $L = \{16\}$ gekommen sein.

Ermitteln Sie nun auf ähnliche Weise die Lösungsmenge der Gleichung

$\lg (2^{\sqrt{x}+2} + 2) - 1 = \lg (4 \cdot 2^{\sqrt{x}} - 4) - \lg 4$.

$\longrightarrow$ 72 F

3.   Goniometrische Gleichungen

75 A

Dieser Programmabschnitt soll Sie befähigen, einige Klassen goniometrischer Gleichungen fehlerfrei zu lösen.
Daneben werden Sie in die Lage versetzt, einige wichtige goniometrische Formeln und Additionstheoreme richtig und zweckentsprechend anzuwenden. ──────────► 75 E

75 B

Unter Verwendung von Additionstheoremen und speziellen Funktionswerten hätten Sie von

$$\frac{\sin 45° + \cos (2\alpha - 45°)}{\cos 45° - \sin (2\alpha - 45°)} \quad \text{zu} \quad \frac{\frac{1}{2}\sqrt{2} + \frac{1}{2}\sqrt{2}\cos 2\alpha + \frac{1}{2}\sqrt{2}\sin 2\alpha}{\frac{1}{2}\sqrt{2} - \frac{1}{2}\sqrt{2}\sin 2\alpha + \frac{1}{2}\sqrt{2}\cos 2\alpha}$$

kommen müssen.

Verwenden Sie zur weiteren Vereinfachung

$\cos 2\alpha = 2\cos^2\alpha - 1$ und $\sin 2\alpha = 2\sin\alpha\cos\alpha$. ──────────► 77 B

75 C

Unter Verwendung von Additionstheoremen hätten Sie von
$\cos (60° + \alpha) + \sin (30° + \alpha)$ zu

$\cos 60° \cos \alpha - \sin 60° \sin \alpha + \sin 30° \cos \alpha + \cos 30° \sin \alpha$

kommen müssen. Setzen Sie nun noch die Funktionswerte für $\cos 60°$, $\sin 60°$, $\cos 30°$ und $\sin 30°$ ein, und fassen Sie zusammen. ──────────► 78 B

75 D

Sie haben ein Zwischenergebnis erhalten. Ersetzen Sie $1 - \sin^2\alpha$ durch $\cos^2\alpha$, und vereinfachen Sie dann weiter! ──────────► 77 B

75 E

Vorkontrolle V7

Überprüfen Sie, ob Sie in der Lage sind, goniometrische Gleichungen zu lösen!

1. $3 \sin x = 2 \cos^2 x$; $x \in P$

2. $5 \sin^2 x \tan x - \sin 2x = 0$; $0° \leqq x < 360°$

3. $\cos \left(x + \dfrac{\pi}{12}\right) \sin \left(x - \dfrac{\pi}{12}\right) = 0{,}183$; $0 \leqq x < 2\pi$ ──────────► 79 A

76 A

Aus der allgemeinen Definition der trigonometrischen Funktionen folgt
am Einheitskreis ($r = 1$)   am rechtwinkligen Dreieck

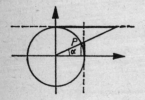

$\sin \alpha: =$ Maßzahl der Ordinate $\sin \alpha = \dfrac{a}{c}$
         des Punktes P

$\cos \alpha: =$ Maßzahl der Abszisse $\cos \alpha = \dfrac{b}{c}$
         des Punktes P

$\tan \alpha: =$ Maßzahl des Haupttangentenabschnittes $\tan \alpha = \dfrac{a}{b}$
         (Abschnitt auf der vertikalen Tangente)

$\cot \alpha: =$ Maßzahl des Nebentangentenabschnittes $\cot \alpha = \dfrac{b}{a}$
         (Abschnitt auf der horizontalen Tangente)

Von den Beziehungen, die zwischen den trigonometrischen Funktionen bestehen,
werden die folgenden sehr oft benötigt:

$$\tan \alpha = \frac{\sin \alpha}{\cos \alpha}; \quad \alpha \neq 90^\circ + k \cdot 180^\circ, \quad k \text{ ganz} \qquad (17)$$

$$\cot \alpha = \frac{\cos \alpha}{\sin \alpha}; \quad \alpha \neq k \cdot 180^\circ, \qquad k \text{ ganz} \qquad (18)$$

$$\sin^2 \alpha + \cos^2 \alpha = 1 \qquad (19)$$

$$\tan \alpha \cot \alpha = 1 \qquad (20)$$

$$\sin 2\alpha = 2 \sin \alpha \cos \alpha \qquad (21)$$

$$\cos 2\alpha = \cos^2 \alpha - \sin^2 \alpha$$

$$= 1 - 2 \sin^2 \alpha \qquad (22)$$

$$= 2 \cos^2 \alpha - 1$$

Wir empfehlen Ihnen, die Beziehungen (19) bis (22) auswendig zu lernen. Weitere Beziehungen (z. B. Additionstheoreme, Quadrantenrelationen) entnehmen Sie Ihrer Formelsammlung, die Sie immer griffbereit haben sollten.   ——————————→ 77 A

77 A

Es ist $y = \dfrac{\sin 2x \cos x}{(1 + \cos 2x)(1 + \cos x)}$ zu vereinfachen

und danach y für $x = 90°$; $330°$; $480°$; $-120°$ zu bestimmen.

Lösungsweg:

$$y = \frac{\sin 2x \cos x}{(1 + \cos 2x)(1 + \cos x)}$$

$$= \frac{(2 \sin x \cos x) \cos x}{(1 + \cos 2x)(1 + \cos x)} \qquad \text{nach (21)}$$

$$= \frac{2 \sin x \cos^2 x}{[1 + (2 \cos^2 x - 1)](1 + \cos x)} \qquad \text{nach (22)}$$

$$= \,\,\text{...........................} \qquad\qquad\qquad \text{——— 79 E ———}$$

Durch den Übergang auf den Winkel $\dfrac{x}{2}$ ist eine weitere Vereinfachung möglich.

Aus (21) folgt: $\sin x = 2 \sin \dfrac{x}{2} \cos \dfrac{x}{2}$ und

aus (22) folgt: $\cos x = 2 \cos^2 \dfrac{x}{2} - 1$.

Damit wird $y = \dfrac{2 \sin \dfrac{x}{2} \cos \dfrac{x}{2}}{1 + 2 \cos^2 \dfrac{x}{2} - 1} = \dfrac{\sin \dfrac{x}{2}}{\cos \dfrac{x}{2}}$

$$\underline{\underline{y = \tan \frac{x}{2}}} \qquad\qquad \text{nach (17)}$$

Berechnung der Funktionswerte:

für $x = 90°$ wird $y = \tan 45°$ = ...

für $x = 300°$ wird $y = \tan$ .... = ...

für $x = 480°$ wird $y = \tan$ .... = ...

für $x = -120°$ wird $y = \tan$ .... = ... ——————→ 78 G

---

77 B

Sie müssen $\dfrac{\cos \alpha + \sin \alpha}{\cos \alpha - \sin \alpha}$ erhalten haben.

Vereinfachen Sie noch $\dfrac{2 \sin \left(\dfrac{\pi}{4} + x\right) \sin \left(\dfrac{\pi}{4} - x\right)}{\cos 2x}$. ——————→ 81 A

78 A

Vereinfachen Sie $\dfrac{\sin 2x(1 - 2\sin^2 x)}{\sin x \cos 2x}$.

---

78 B

Sie haben

$\cos\alpha + \sqrt{3}\sin\alpha$ ————————————▸ 81 B

$\cos\alpha$ ————————————▸ 80 C

ein anderes Ergebnis ————————————▸ 75 C

---

78 C

Ihr Ergebnis ist richtig. ————————————▸ 80 B

---

78 D

Formen Sie bei der folgenden Aufgabe die linke Seite so um, daß sie mit der rechten Seite identisch ist.

$\tan^2\left(\dfrac{\pi}{4} - \alpha\right) = \dfrac{1 - \sin 2\alpha}{1 + \sin 2\alpha}$.

---

78 E

Sie erhielten

$\dfrac{\cos\alpha + \sin\alpha}{\cos\alpha - \sin\alpha}$ ————————————▸ 80 D

1 ————————————▸ 81 C

$\dfrac{1 + \cos^2\alpha - \sin^2\alpha + 2\sin\alpha\cos\alpha}{1 - 2\sin\alpha\cos\alpha + \cos^2\alpha - \sin^2\alpha}$ ————————————▸ 75 D

ein anderes Ergebnis ————————————▸ 75 B

---

78 F

Sie haben eine der möglichen Vereinfachungen vorgenommen.
Wenn Sie auf die Verwendung der Tangensfunktion verzichten und die Beziehungen (21) und (22) aus 76 A beachten, läßt sich der Ausdruck **wesentlich** vereinfachen. ————————————▸ 78 A

---

78 G

Die richtigen Ergänzungen sind

1 / $150°$ / $-\dfrac{1}{3}\sqrt{3}$ / $240°$ / $\sqrt{3}$ / $(-60°)$ / $-\sqrt{3}$.

79 A

Die Lösungsmengen sind

1. $L = \{30° + k \cdot 360° ; 150° + k \cdot 360° ; k \in G\}$

2. $L = \{0° ; 32,3° ; 147,7° ; 180° ; 212,3° ; 327,7°\}$

3. $L = \left\{\dfrac{\pi}{6} ; \dfrac{\pi}{3} ; \dfrac{7}{6}\pi ; \dfrac{4}{3}\pi\right\}$

Haben Sie alle Lösungsmengen richtig ermittelt?
Nein ───────────▶ 79 B

Ja
Sie haben erfolgreich gearbeitet. Wir empfehlen Ihnen jedoch, noch einige goniometrische Gleichungen zu lösen, um Ihre Fertigkeiten weiter zu vervollkommnen.
───────────▶ 90 E

79 B

Unabhängig davon, welche und wieviel Fehler Sie beim Lösen der Aufgaben begangen haben, halten wir es für sinnvoll, daß Sie den folgenden Programmabschnitt gewissenhaft durcharbeiten. Wir werden uns zuerst mit goniometrischen Formeln beschäftigen, da ihre Anwendung eine wesentliche Voraussetzung für das Lösen goniometrischer Gleichungen ist. ───────────▶ 76 A

79 C

Ihr Ergebnis ist falsch. Beachten Sie

$\sin 2x = 2 \sin x \cos x$. ───────────▶ 78 A

79 D

Rechnen Sie zur Übung noch folgende Aufgaben:

1. Weisen Sie nach, daß $\cot \alpha + \tan \alpha = \dfrac{2}{\sin 2\alpha}$ ist!

2. Vereinfachen Sie
$\sin \alpha + \sin(\alpha + 120°) + \sin(\alpha + 240°)$.

3. Vereinfachen Sie
$\dfrac{\cos 45° + \sin(2\alpha + 45°)}{\sin 45° - \cos(2\alpha + 45°)}$. ───────────▶ 81 E

79 E

Die richtige Ergänzung lautet $\dfrac{\sin x}{1 + \cos x}$. ───────────▶ 77 A

80 A

Sie haben

$\sin x$ $\longrightarrow$ 79 C

$2 \cos x$ $\longrightarrow$ 78 C

$\tan 2x \left(\dfrac{1 - 2 \sin^2 x}{\sin x} \right)$ $\longrightarrow$ 78 F

ein anderes Ergebnis $\longrightarrow$ 81 D

---

80 B

Vereinfachen Sie $\cos(60° + \alpha) + \sin(30° + \alpha)$

unter Verwendung von Additionstheoremen! $\longrightarrow$ 78 B

---

80 C

Ihr Ergebnis ist richtig.
Formen Sie nun den Ausdruck

$$\frac{\sin 45° + \cos(2\alpha - 45°)}{\cos 45° - \sin(2\alpha - 45°)}$$

so um, daß nur noch α als Argument der Winkelfunktionen auftritt.

$\longrightarrow$ 78 E

---

80 D

Ihr Ergebnis ist richtig. $\longrightarrow$ 78 D

---

80 E

Ist Ihnen die Umformung gelungen?
Ja $\longrightarrow$ 79 D

Nein
Überlegen Sie sich, daß

$$\tan^2(x - y) = \left[\frac{\sin(x - y)}{\cos(x - y)} \right]^2 \text{ ist.}$$

Wenden Sie dann Additionstheoreme an, und formen Sie weiter um!

$\longrightarrow$ 78 D

---

80 F

Die richtigen Ergänzungen sind

$z^2 - \dfrac{1}{3} z - \dfrac{1}{2} = 0$ / $-0{,}5598$ / $\cos x = -0{,}5598$ $\longrightarrow$ 83 A

81 A

Unter Benutzung der Additionstheoreme für $\sin(x \pm y)$ und
$\cos 2x = \cos^2 x - \sin^2 x$ erhielten Sie gewiß 1 als Ergebnis. ───────► 78 D

81 B

Ihr Ergebnis ist falsch. Sie haben bei der Verwendung des Additionstheorems für
$\cos(x + y)$ einen Vorzeichenfehler begangen. Korrigieren Sie Ihren Fehler!
───────► 78 B

81 C

Ihr Ergebnis ist falsch. Sie haben Vorzeichenfehler begangen.
Überprüfen Sie Ihre Rechnung! ───► 78 E

81 D

Sie sind nicht zur einfachsten Darstellungsform des gegebenen Terms gelangt. Führen
Sie die Rechnung noch einmal durch, und beachten Sie dabei die Beziehungen (21)
und (22) aus 76 A. ───────► 78 A

81 E

1. Die Gleichheit konnte folgendermaßen nachgewiesen werden:

$$\cot \alpha + \tan \alpha = \frac{\cos \alpha}{\sin \alpha} + \frac{\sin \alpha}{\cos \alpha}$$

$$= \frac{\cos^2 \alpha + \sin^2 \alpha}{\sin \alpha \cos \alpha}$$

$$= \frac{1}{\frac{1}{2} \sin 2\alpha} = \frac{2}{\sin 2\alpha}$$

Die Vereinfachungen ergaben für

2. 0
3. $\cot \alpha$ ───────► 82 A

82 A

In **goniometrischen Gleichungen** tritt die Variable in den Argumenten trigonometrischer Funktionen auf.

Unterscheiden Sie folgende Typen goniometrischer Gleichungen:

Typ 1: Es tritt nur eine trigonometrische Funktion mit ein und demselben Argument auf, z. B.

$$\tan^2 2x + 2 \tan 2x - 1 = 0 \, .$$

Typ 2: Es treten verschiedene trigonometrische Funktionen mit ein und demselben Argument auf, z. B.

$$3 \cos x - 4 \sin x = 2 \, .$$

Typ 3: Es treten trigonometrische Funktionen mit verschiedenen Argumenten auf, z. B.

$$\cos 2x + \cos x = 0 \, ,$$
$$\sin 2x - \tan x = 0 \, .$$

Grundsätzlicher Lösungsweg:

1. Anwendung goniometrischer Formeln mit dem Ziel, die Gleichung bis zum Typ 1 zu vereinfachen.

2. In Gleichungen vom Typ 1 wird, falls das notwendig ist, der trigonometrische Term durch eine algebraische Größe substituiert, die verbleibende algebraische Gleichung gelöst und die Rücksubstitution durchgeführt.

3. Die Lösungen der verbleibenden goniometrischen Gleichungen der Form $\sin x = a$, $\cos x = a$, $\tan x = a$, $\cot x = a$ $(a \in P)$ können sofort mit Hilfe eines geeigneten Rechenhilfsmittels bestimmt werden. Beachten Sie dabei, daß zwei Möglichkeiten bestehen:
Entweder ist die Lösungsmenge leer (z. B. $\sin x = 2$), oder es treten wegen der Periodizität der Winkelfunktionen mit einer Lösung unendlich viel weitere Lösungen auf. Oft wird durch Angabe des Grundbereichs die Anzahl der Lösungen eingeschränkt (z. B. $0° \leq x < 360°$).

4. Es können Ergebnisse auftreten, welche die gegebene Gleichung nicht erfüllen. Das ist der Fall, wenn quadriert werden muß (nichtäquivalente Umformung). In solchen Fällen ist es notwendig, die Probe durchzuführen. Wir empfehlen Ihnen, die Proben grundsätzlich durchzuführen.

Schauen Sie sich nun ein Beispiel an! Sie werden erkennen, daß tatsächlich nur die angegebenen Schritte des grundsätzlichen Lösungsweges berücksichtigt werden.

—————————→ 83 A

83 A

Zu bestimmen ist die Lösungsmenge der Gleichung

$\tan 2x = 3\sin x$ **(Typ 3)**.

Lösungsweg:

1. $\dfrac{\sin 2x}{\cos 2x} = 3\sin x$ nach (17)

$2\sin x \cos x = 3\sin x \cos 2x$ nach (21)
$2\sin x \cos x = 3\sin x\,(2\cos^2 x - 1)$ nach (22)

Umordnen und $\sin x$ ausklammern:

$\sin x\,(2\cos x - 6\cos^2 x + 3) = 0$ (Typ 2)

Ein Produkt ist genau dann gleich 0, wenn mindestens ein Faktor gleich 0 ist, also wenn

I. $\sin x = 0$ oder
II. $2\cos x - 6\cos^2 x + 3 = 0$ ist.

Die Gleichungen I. und II. sind vom Typ 1.

2. Da Gleichung II quadratisch in $\cos x$, wird zunächst $\cos x = z$ substituiert.
Es entsteht die Normalform ....
Die Lösungen dieser Gleichung sind $z_1 = 0{,}8932$ und $z_2 = $ ....
Durch die Rücksubstitution ergeben sich die Gleichungen $\cos x = 0{,}8932$ und
.... — 80 F —

3. Die verbleibenden

Gleichungen	liefern die Lösungsmengen
$\sin x = 0$	$\{k \cdot 180° \,;\; k \in G\}$
$\cos x = 0{,}8932$	$\{26{,}7° + k \cdot 360° \,;\;$ .... $;\; k \in G\}$
$\cos x = $	$\{$ .... $\,;\,$ .... $;\; k \in G\}$

4. Die Probe für $x = 26{,}7° + k \cdot 360°$ ergibt:
linke Seite: $\tan 2\,(26{,}7° + k \cdot 360°) = \tan 53{,}4° = 1{,}347$
rechte Seite: $3\sin(26{,}7° + k \cdot 360°) = 3\sin 26{,}7° = 1{,}348$.

Führen Sie die Proben für die anderen Werte selbständig durch, und geben Sie die Lösungsmenge der Ausgangsgleichung an! ———→ 85 A

84 A

Ihr Ergebnis ist falsch. ──────────► 86 C

84 B

Ihr Ergebnis ist falsch. — 84 C ──────► 87 B

84 C

Nicht alle Elemente Ihrer „Lösungsmenge" erfüllen die Ausgangsgleichung. Sie haben, obwohl beim Lösen nichtäquivalente Umformungen vorgenommen wurden, offensichtlich versäumt, die Probe durchzuführen. Holen Sie das nach, und vergleichen Sie erneut! ──────────► 87 A

84 D

Die Lösungsmenge ist $L = \{38,7°; 321,3°\}$.
Ermitteln Sie noch die Lösungsmenge der Gleichung

$5 \tan x + 1 = 4 \cot x$ für $0° \leqq x < 360°$. ──────────► 86 B

84 E

Sie sind nicht zur Lösung gelangt. Diese Gleichung, in der verschiedene trigonometrische Funktionen mit gleichen Argumenten auftreten, kann unter Verwendung von $\sin^2 x + \cos^2 x = 1$ in eine Gleichung mit nur einer trigonometrischen Funktion mit gleichem Argument verwandelt werden. Dabei ist es gleichgültig, welche der beiden Funktionen Sie durch die andere ersetzen. ──────► 85 E

84 F

Ihr Ergebnis ist nur eine Teilmenge der Lösungsmenge. Informieren Sie sich unter 1. im Programmschritt 83 A, dann werden Sie selbst Ihren Fehler finden! — 83 A ──────► 85 H

84 G

Ihnen fehlen Lösungen. Das könnte daran liegen, daß Sie durch $\cos x$ dividiert haben. Überlegen Sie sich die daraus entstehenden Konsequenzen! Vervollständigen Sie Ihr Ergebnis, und vergleichen Sie erneut! ──────────► 87 C

85 A

Sie müssen ergänzt haben $333{,}3° + k \cdot 360°$ /
$-0{,}5598$ / $124° + k \cdot 360°$ / $236° + k \cdot 360°$.

Die Lösungsmenge der Ausgangsgleichung lautet
$L = \{k \cdot 180°;\ 26{,}7° + k \cdot 360°;\ 124° + k \cdot 360°;\ 236° + k \cdot 360°;$
$333{,}3° + k \cdot 360°,\ k \in G\}$. $\longrightarrow$ 85 B

85 B

Bestimmen Sie nun selbständig die Lösungsmenge der Gleichung
$\cot x = 2\sin x$ für $0° \leqq x \leqq 360°$. $\longrightarrow$ 87 A

85 C

Ihr Ergebnis ist **falsch**! $-$ 84 C $\longrightarrow$ 87 B

85 D

Ihr Ergebnis ist **richtig**! $\longrightarrow$ 85 E

85 E

Zu bestimmen ist die Lösungsmenge der Gleichung
$\cos x - 2\sin x = 1$ für $0° \leqq x < 360°$. $\longrightarrow$ 87 B

85 F

Ihr Ergebnis ist richtig.
Lösen Sie nun die nächste Aufgabe!
Zu bestimmen ist die Lösungsmenge der Gleichung

$2\sin 2x + 5\cos x + 4\sin^2 \dfrac{x}{2} = 2$. $\longrightarrow$ 87 C

85 G

Ihr Ergebnis ist richtig!
Sie haben gewissenhaft gearbeitet. $\longrightarrow$ 85 H

85 H

Bestimmen Sie die Lösungsmenge der Gleichung

$2\sin^2 x \tan x + \sin 2x + 2\cos 2x - 2 = 0$, und geben Sie die Elemente im Bogenmaß
an! $\longrightarrow$ 87 D

86 A

Die Lösungen sind

$z_1 = 0{,}78$ und $z_2 = -1{,}28$.

Die Lösungsmenge der Substitutionsgleichung $\cos x = z$ ist für z_2 leer, da für alle x gilt: $-1 \leqq \cos x \leqq 1$.

Bestimmen Sie nun die Lösungen der Substitutionsgleichung für z_1, untersuchen Sie, ob diese auch die Ausgangsgleichung erfüllen, und geben Sie die Lösungsmenge der Ausgangsgleichung an!

─────────▶ 84 D

---

86 B

Sie mußten zunächst erkennen, daß verschiedene trigonometrische Funktionen mit gleichen Argumenten in der Gleichung auftreten (Typ 2). Mit $\tan x \cot x = 1$ erhalten Sie eine Gleichung, in der nur eine trigonometrische Funktion mit gleichem Argument auftritt (Typ 1), nämlich

$5 \tan^2 x + \tan x - 4 = 0$ oder

$4 \cot^2 x - \cot x - 5 = 0$.

Beide Gleichungen liefern die Lösungsmenge

$L = \{38{,}7° \; ; \; 135° \; ; \; 218{,}7° \; ; \; 315°\}$.

─────────▶ 85 E

---

86 C

Sie sind nicht zur Lösung gelangt. Wir geben Ihnen Hinweise, wie man diese Gleichung

$2 \sin^2 x \tan x + \sin 2x + 2 \cos 2x - 2 = 0$ vom Typ 3

in eine Gleichung vom Typ 1 überführen kann.

Wenn Sie $\tan x = \dfrac{\sin x}{\cos x}$, $\sin 2x = 2 \sin x \cos x$ und $\cos 2x = 1 - 2 \sin^2 x$ benutzen, die entstehende Gleichung mit $\cos x$ multiplizieren und vereinfachen, erhalten Sie

─────────▶ 89 C

87 A

Sie haben

$L = \{38,7° \ ; \ 321,3°\}$ —————→ 85 D

$L = \{38,7° \ ; \ 141,3° \ ; \ 218,7° \ ; \ 321,3°\}$ —————→ 84 C

Sie konnten die Aufgabe nicht lösen. —————→ 88 B

---

87 B

Sie haben

$L = \{0° \ ; \ 180° \ ; \ 233,1° \ ; \ 306,9°\}$ —————→ 84 B

$L = \{0° \ ; \ 126,9° \ ; \ 233,1°\}$ —————→ 85 C

$L = \{0° \ ; \ 233,1°\}$ —————→ 85 F

keines der angegebenen Ergebnisse —————→ 84 E

---

87 C

Sie haben

$L = \{228,6° + k \cdot 360° \ ; \ 311,4° + k \cdot 360° \ ; \ k \in G\}$ —————→ 84 G

$L = \{90° + k \cdot 180° \ ; \ 228,6° + k \cdot 360° \ ; \ 311,4° + k \cdot 360° \ ; \ k \in G\}$

—————→ 85 G

ein anderes Ergebnis —————→ 88 D

---

87 D

Sie haben

$L = \left\{ k\pi \ ; \ \dfrac{\pi}{4} + k\pi \ ; \ k \text{ ganz} \right\}$ —————→ 89 A

$L = \left\{ k\pi \ ; \ \dfrac{\pi}{4} + k\dfrac{\pi}{2} \ ; \ k \text{ ganz} \right\}$ —————→ 88 A

$L = \left\{ \dfrac{\pi}{4} + k\pi \ ; \ k \text{ ganz} \right\}$ —————→ 84 F

$L = \left\{ \dfrac{\pi}{4} + k\dfrac{\pi}{2} \ ; \ k \text{ ganz} \right\}$ —————→ 84 A

ein anderes Ergebnis —————→ 86 C

88 A

Das ist nicht die gesuchte Lösungsmenge. Der von Ihnen eingeschlagene Lösungsweg liefert auch Ergebnisse, die nicht die Ausgangsgleichung erfüllen. Sie vermeiden das, wenn Sie bei äquivalenten Umformungen bleiben, wenn Sie also $2 \sin x \cos x$ durch $\sin 2x$ ersetzen.

Korrigieren Sie Ihr Ergebnis!

——————————► 87 D

88 B

Wir wollen Ihnen für das Lösen der Gleichung

$$\cot x = 2 \sin x \quad \text{für} \quad 0° \leqq x < 360° \quad \text{einige Hilfen geben.}$$

Es gibt mehrere Möglichkeiten, um zu einer Gleichung vom Typ 1 zu kommen. Wir verwenden dazu die bekannten Beziehungen

$$\cot x = \frac{\cos x}{\sin x} \quad \text{und} \quad \sin^2 x = 1 - \cos^2 x$$

und erhalten nach elementaren Umformungen

$$\cos^2 x + \frac{1}{2} \cos x - 1 = 0.$$

Durch die Substitution $\cos x = z$ erhalten Sie eine quadratische Gleichung. Bestimmen Sie deren Lösungen!

——————————► 86 A

88 C

Ihr Ergebnis ist falsch. Sie haben einen Vorzeichenfehler beim Anwenden des Additionstheorems für $\cos(x + y)$ gemacht.

——————————► 89 B

88 D

Ihr Ergebnis ist falsch. Sie müssen diese Gleichung vom Typ 3 konsequent auf den Typ 1 zurückführen. In der Formelsammlung finden Sie

$$\sin 2x = 2 \sin x \cos x \;;\; \sin \frac{x}{2} = \sqrt{\frac{1}{2}(1 - \cos x)}.$$

Damit können Sie die Gleichung

$$2 \sin 2x + 5 \cos x + 4 \sin^2 \frac{x}{2} = 2 \text{ in die Gleichung}$$

vom **Typ 2** umformen.

——————————► 90 F

89 A

Ihr Ergebnis ist richtig.
─────────────► 89 B

89 B

Geben Sie die Lösungsmenge der Gleichung

$2 \cos (x + 60°) + \sin (x - 90°) = 1,5$ an!
─────────────► 91 B

89 C

Sie müssen

$2 \sin^3 x + 2 \sin x \cos^2 x - 4 \cos x \sin^2 x = 0$

erhalten haben. Daraus entsteht

$2 \sin x (\sin^2 x + \cos^2 x - 2 \sin x \cos x) = 0$

und damit

$\sin x = 0$ oder $\sin^2 x + \cos^2 x - 2 \sin x \cos x = 0$.

Die Gleichung $\sin x = 0$ können Sie lösen.
Die zweite Gleichung läßt sich äquivalent umformen zu

$1 - \sin 2x = 0$.

Auch diese Gleichung läßt sich ohne Schwierigkeiten lösen.
Bestimmen Sie nun noch die Lösungsmenge der Ausgangsgleichung!
─────────────► 87 D

89 D

Sie sind nicht zur Lösung gelangt. Die vorliegende Gleichung ist vom Typ 3. Wenden Sie Additionstheoreme an, und vergleichen Sie zunächst die entstehende Gleichung!
─────────────► 92 C

89 E

Sie sind nicht zur Lösung gelangt. Das ist verwunderlich, da wir bereits eine ähnliche Aufgabe gelöst haben.
Sie gelangen zur Lösung, wenn Sie Additionstheoreme und die Beziehungen

$\sin^2 x + \cos^2 x = 1$

$\sin x \cos x = \dfrac{1}{2} \sin 2x$ anwenden.

Lösen Sie mit diesem Hinweis die Gleichung

$\cos (x + 15°) \sin (x - 15°) = 0,25$ für $0° \leq x < 360°$ noch einmal!
─────────────► 93 A

90 A

Ihr Ergebnis ist unvollständig. Beachten Sie, daß als Grundbereich $D\ 0° \leqq x < 720°$ angegeben war, da $\sin \frac{x}{2}$ eine Periode von 720° hat. ────────▶ 93 B

---

90 B

Sie haben

$L = \{k\,\pi \quad ; \quad k \text{ ganz}\}$ ────────▶ 92 B

$L = \left\{k\,\dfrac{\pi}{2} \quad ; \quad k \text{ ganz}\right\}$ ────────▶ 93 E

$L = \left\{k\,\dfrac{\pi}{4} \quad ; \quad k \text{ ganz}\right\}$ ────────▶ 92 E

ein anderes Ergebnis ────────▶ 93 C

---

90 C

Ihre „Lösungsmenge" ist unvollständig. Sie erhielten

$\sin 2x = 1$.　Das ist richtig. Da als Grundbereich $0° \leqq x < 360°$ vorgegeben wurde,

müssen Sie überprüfen, welche Lösungen von $2x = 90° + k \cdot 360°$ im vorgegebenen Grundbereich liegen.

────────▶ 93 A

---

90 D

Ihr Ergebnis ist richtig. ────────▶ 90 E

---

90 E

Lösen Sie noch die folgenden Übungsaufgaben!

1. $2 \cos 2x + 7 \cos x = 0$ für $0° \leqq x < 360°$
2. $2 \sin x \tan x + 6 \cos x + 9 = 0$ für $0° \leqq x < 360°$
3. $\sin 3x = \sqrt{5} \sin 2x$ für $0° \leqq x < 360°$
4. $\sin\left(x - \dfrac{\pi}{6}\right) \cos\left(x - \dfrac{\pi}{3}\right) = \dfrac{1}{2}$　für　$0 \leqq x < 2\pi$ ────────▶ 93 D

---

90 F

Die Gleichung lautet $4 \sin x \cos x + 5 \cos x + 2\,(1 - \cos x) = 2$.
Diese Gleichung müßten Sie nun ohne Hilfe lösen können. ────────▶ 87 C

91 A

Da Sie nicht zur Lösung gelangt sind, beachten Sie die folgenden Hinweise!
Nach Anwendung des Additionstheorems für sin $(x + y)$ erhält man

$$\sqrt{3} \cos \frac{x}{2} = 1 + \sin \frac{x}{2}.$$

Da die Argumente der beiden trigonometrischen Funktionen übereinstimmen (Gleichung vom Typ 2), ist nach Quadrieren und unter Beachtung von

$$\sin^2 \frac{x}{2} + \cos^2 \frac{x}{2} = 1$$

das Überführen in eine quadratische Gleichung vom Typ 1 möglich. Lösen Sie nun die Aufgabe zu Ende! ─────────→ 93 B

---

91 B

Ihr Ergebnis lautet

$L = \{74{,}4° + k \cdot 360° \; ; \; 338{,}7° + k \cdot 360° \; ; \; k \text{ ganz}\}$ ─────────→ 92 F

$L = \{240° + k \cdot 360° \; ; \; 300° \; + k \cdot 360° \; ; \; k \text{ ganz}\}$ ─────────→ 92 A

$L = \{60° \; + k \cdot 360° \; ; \; 120° \; + k \cdot 360° \; ; \; k \text{ ganz}\}$ ─────────→ 88 C

Sie haben ein anderes Ergebnis erhalten. ─────────→ 89 D

---

91 C

Ihre Lösungsmenge muß $L = \left\{ k \dfrac{\pi}{4} \; ; \; k \text{ ganz} \right\}$ lauten.

Bestimmen Sie nun noch die Lösungsmenge der Gleichung

$\cos (x + 15°) \sin (x - 15°) = 0{,}25$ für $0° \leqq x < 360°$. ─────────→ 93 A

---

91 D

Ihr Ergebnis ist richtig. ─────────→ 91 E

---

91 E

Gesucht ist die Lösungsmenge der Gleichung
─────────→ 93 B

$$\sin \left(\frac{x}{2} + 60° \right) - \frac{1}{2} = \sin \frac{x}{2} \quad \text{für} \quad 0° \leqq x < 720°.$$

92 A

Ihr Ergebnis ist richtig. Zu bestimmen ist die Lösungsmenge der Gleichung

$$\sin\left(2x + \frac{\pi}{4}\right)\cos\left(2x - \frac{\pi}{4}\right) = \frac{1}{2}.$$

───────────► 90 B

92 B

Sie haben nur eine Teilmenge der Lösungsmenge erhalten, da Sie die Periodizität von $\sin 4x$ aus der Gleichung $\sin 4x = 0$ nicht beachtet haben.

Substituieren Sie $4x = z$, und korrigieren Sie Ihr Ergebnis!

───────────► 91 C

92 C

Sie müssen $\quad 2\left[\cos x \cos \dfrac{\pi}{3} - \sin x \sin \dfrac{\pi}{3}\right] + \sin x \cos \dfrac{\pi}{2} - \cos x \sin \dfrac{\pi}{2} = 1{,}5$

und daraus $-\sqrt{3}\,\sin x = 1{,}5$ erhalten haben.
Bestimmen Sie nun noch die Lösungsmenge der Ausgangsgleichung!

───────────► 91 B

92 D

Leistungskontrolle zu Abschnitt 3:

> Überprüfen Sie Ihre Fertigkeiten beim Lösen folgender Aufgaben!
>
> 1. $\tan x = 2 \sin x \quad$ für $\quad 0 \leqq x < 2\pi$
>
> 2. $\sin\left(x - \dfrac{\pi}{2}\right) + 2 \sin 2x = \cos x \quad$ für $\quad 0 \leqq x < 2\pi$
>
> 3. $\sin x + \cos 2x = 0 \quad$ für $\quad x \in P$

Überzeugen Sie sich, ob Sie die Aufgaben richtig gelöst haben! ───────────► 94 A

92 E

Ihr Ergebnis ist richtig. Sie haben gewissenhaft gearbeitet. Weiter so!

───────────► 91 E

92 F

Ihr Ergebnis ist falsch. Wenden Sie Additionstheoreme an!
Für die Aufgabe benötigen Sie:
$\cos(x + y) = \cos x \cos y - \sin x \sin y$ und
$\sin(x - y) = \sin x \cos y - \sin y \cos x$.
Lösen Sie die Gleichung
$2\cos(x + 60°) + \sin(x - 90°) = 1{,}5$ noch einmal!

───────────► 89 B

93 A

Sie haben

$L = \{45° \; ; \; 225°\}$ ——————→ 91 D

$L = \{45°\}$ ——————→ 90 C

ein anderes Ergebnis ——————→ 89 E

93 B

Sie haben

$L = \{60°\}$ ——————→ 90 A

$L = \{60° \; ; \; 540°\}$ ——————→ 90 D

ein anderes Ergebnis ——————→ 91 A

93 C

Sie sind nicht zur Lösung gelangt. Vergleichen Sie deshalb folgende Zwischenergebnisse!

Aus $\sin\left(2x + \dfrac{\pi}{4}\right) \cos\left(2x - \dfrac{\pi}{4}\right) = \dfrac{1}{2}$ folgt mit Hilfe von Additionstheoremen und unter Beachtung von

$$\sin\frac{\pi}{4} = \cos\frac{\pi}{4} = \frac{1}{2}\sqrt{2}$$

$$\frac{1}{2}\sqrt{2}\,(\sin 2x + \cos 2x)\,\frac{1}{2}\sqrt{2}\,(\cos 2x + \sin 2x) = \frac{1}{2}$$

und daraus

$$\cos^2 2x + 2\cos 2x \sin 2x + \sin^2 2x = 1 \quad \text{bzw.}$$

$$2\sin 2x \cos 2x = 0\,.$$

Sie kommen am schnellsten zur Lösungsmenge, wenn Sie (21) $\sin 2\alpha = 2\sin\alpha \cos\alpha$ anwenden und die entstehende Gleichung lösen. ——————→ 91 C

93 D

Die Lösungsmengen sind

1. $L = \{75,5° \; ; \; 284,5°\}$ 2. $L = \{104,5° \; ; \; 255,5°\}$

3. $L = \{0° \; ; \; 101° \; ; \; 180° \; ; \; 259°\}$

4. $L = \left\{\dfrac{\pi}{3} \; ; \; \dfrac{2\pi}{3} \; ; \; \dfrac{4\pi}{3} \; ; \; \dfrac{5\pi}{3}\right\}$ ——————→ 92 D

93 E

Sie haben nur eine Teilmenge der Lösungsmenge erhalten, da Sie die Periodizität von $\sin 2x$ und $\cos 2x$ nicht beachtet haben. Substituieren Sie $\sin 2x = z$, und korrigieren Sie Ihr Ergebnis! ——————→ 91 C

1. $\tan x = 2 \sin x \qquad 0 \leq x < 2\pi$

$$x \neq \frac{\pi}{2} \pm k\pi, \; k \text{ ganz}$$

1

$\sin x = 2 \sin x \cos x$

1

$\sin x (1 - 2 \cos x) = 0$

$\sin x = 0 \qquad\qquad\qquad 1 - 2 \cos x = 0$

1

$$\cos x = \frac{1}{2}$$

$x_1 = 0 \qquad\qquad\qquad x_3 = \dfrac{\pi}{3}$

$1 + 1$

$x_2 = \pi \qquad\qquad\qquad x_4 = \dfrac{5}{3}\pi$

$1 + 1$

$$\underline{\underline{L = \left\{ 0 \, ; \, \frac{\pi}{3} \, ; \, \pi \, ; \, \frac{5}{3}\pi \right\}}}$$

1

2. $\sin\left(x - \dfrac{\pi}{2}\right) + 2 \sin 2x = \cos x \qquad 0 \leq x < 2\pi$

$\sin x \cos \dfrac{\pi}{2} - \cos x \sin \dfrac{\pi}{2} + 4 \sin x \cos x = \cos x$

2

$- \cos x + 4 \sin x \cos x = \cos x$

$2 \sin x \cos x - \cos x = 0$

1

$\cos x (2 \sin x - 1) = 0$

$\cos x = 0 \qquad\qquad\qquad 2 \sin x - 1 = 0$

$1 + 1$

$$\sin x = \frac{1}{2}$$

$x_1 = \dfrac{\pi}{2} \qquad\qquad\qquad x_3 = \dfrac{\pi}{6}$

$x_2 = \dfrac{3}{2}\pi \qquad\qquad\qquad x_4 = \dfrac{5}{6}\pi$

$1 + 1$

$$\underline{\underline{L = \left\{ \frac{\pi}{6} \, ; \, \frac{\pi}{2} \, ; \, \frac{5}{6}\pi \, ; \, \frac{3}{2}\pi \right\}}}$$

1

$\longrightarrow$ 95 A

3. $\sin x + \cos 2x = 0 \qquad x \in P$ Punkte

$\sin x + 1 - 2\sin^2 x = 0$ 1

$\sin^2 x - \dfrac{1}{2}\sin x - \dfrac{1}{2} = 0$ 1

$\sin x_{1,2} = \dfrac{1}{4} \pm \dfrac{3}{4}$

$\sin x_1 = -\dfrac{1}{2}$ $\sin x_2 = 1$ $1 + 1$

$x_1 = \dfrac{7}{6}\pi \; ; \; \dfrac{11}{6}\pi \; ; \; ...$ $x_2 = \dfrac{\pi}{2} \; ; \; \dfrac{5}{2}\pi; \; ...$ $2 + 1$

$L = \left\{ \dfrac{\pi}{2} + 2k\pi \; ; \; \dfrac{7}{6}\pi + 2k\pi \; ; \; \dfrac{11}{6}\pi + 2k\pi \; ; \; k \text{ ganz} \right\}$ 1

Bewertung: Note 1 für 23 bis 24 Punkte   24

                 2 " 19 bis 22 "

                 3 " 14 bis 18 "

                 4 " 9 bis 13 "

                 5 " 0 bis 8 "

⟶ 96 A

4.　Ungleichungen

96 A

Nach Durcharbeiten dieses Programmabschnitts werden Sie in der Lage sein, lineare Ungleichungen fehlerfrei zu lösen.
Insbesondere sollen Sie Sicherheit bei der Darstellung von Intervallen als spezielle Teilmengen reeller Zahlen erwerben. ────────────► 96 F

---

96 B

Sie müssen nach dem Ausmultiplizieren und Zusammenfassen zu $-12 < -1$ gekommen sein. Das ist eine .... Aussage und gilt für .... Zahlen, d. h.,
$L =$ .... ────────────► 99 F

---

96 C

Haben Sie als Lösungsmenge $L = (2; \infty)$?
Ja ────────────► 97 D
Nein ────────────► 98 C

---

96 D

Ihr Ergebnis ist falsch. Das können Sie überprüfen, indem Sie eine beliebige reelle Zahl in die gegebene Ungleichung einsetzen. Rechnen Sie die Aufgabe noch einmal!
────────────► 97 E

---

96 E

Sie haben die beiden durch **und** verbundenen Ungleichungen richtig gelöst. Der logischen Operation **und** entspricht bei Mengen die Durchschnittsbildung:
$L = (-\infty ; 1) \cap (-15 ; \infty)$.　Führen Sie das aus! ────────────► 99 B

---

96 F

Vorkontrolle V8

Überprüfen Sie Ihre Fertigkeiten beim Lösen von Ungleichungen! Es ist die jeweilige Lösungsmenge L im Bereich der reellen Zahlen zu bestimmen.

1. $\dfrac{3+x}{15} > \dfrac{2x+1}{25}$　　　2. $\dfrac{x-5}{3} < 1 - x$　**und**　$x + 1 \geqq \dfrac{x+7}{6}$

(Hier sind alle reellen Zahlen gesucht, die beide Ungleichungen erfüllen!)

3. $\dfrac{3x+2}{2x-1} < 2$ ────────────► 98 A

97 A

Schauen Sie sich zunächst noch einmal die grundsätzlichen Bemerkungen auf S. 7 an, vor allem jene, die sich mit Umformungen von Ungleichungen beschäftigen!

— S. 7 ⟶ 99 A

97 B

Bestimmen Sie nun die Lösungsmenge der Ungleichung

$$\frac{2x-3}{2} < \frac{2x-1}{3}.$$

⟶ 99 C

97 C

Sie sind von der logischen Operation **und** richtig zur Durchschnittsbildung übergegangen. Führen Sie diese Mengenoperation aus!

⟶ 99 B

97 D

Ihr Ergebnis ist richtig.

⟶ 97 E

97 E

Zu bestimmen ist die Lösungsmenge der Ungleichung

$(x-3)(4-x) - 3x < (x+1)^2 - 2x^2 - 2(1-x)\cdot$

⟶ 99 D

97 F

Ihr Ergebnis ist falsch.

⟶ 97 G

97 G

Sie sind gewiß zu

$x < 1$ **und** $x > -15$ und damit zu

$L_1 = (-\infty\;;\;1)$ **und** $L_2 = (-15\;;\;\infty)$ gekommen.

Der logischen Operation **und** entspricht bei Mengen die Durchschnittsbildung:
$L = (-\infty; 1) \cap (-15; \infty)$.
Führen Sie das aus!

⟶ 99 B

97 H

Ihr Ergebnis ist falsch. Ihre Rechnung enthält ein falsches Relationszeichen. Kontrollieren Sie!

⟶ 99 C

98 A

Die Lösungsmengen sind

1. $L = \{x \mid -\infty < x < 12\}$ oder kurz $L = (-\infty; 12)$

2. $L = \left\{x \mid \frac{1}{5} \leq x < 2\right\}$ oder kurz $L = \left[\frac{1}{5}; 2\right)$

3. $L = \left\{x \mid -\infty < x < \frac{1}{2} \text{ oder } 4 < x < \infty\right\}$

   oder kurz $L = \left(-\infty; \frac{1}{2}\right) \cup (4; \infty)$

Wir werden in Zukunft die Intervallschreibweise für die Angabe der Lösungsmengen verwenden. Sie haben alle Aufgaben richtig gelöst. ───────────► 100 F
sonst ───────────► 97 A

---

98 B

Sie haben gewiß $L = \left(-\infty; \frac{7}{2}\right)$ erhalten.

Bestimmen Sie nun die Lösungsmenge der Ungleichung

$5(x - 4) > 2 - 6x$. ───────────► 96 C

---

98 C

Ihr Ergebnis ist falsch. Das ist schon die zweite Aufgabe, die Sie nicht lösen konnten. Informieren Sie sich deshalb nochmals, was beim Lösen von Ungleichungen zu beachten ist! — S. 7 ───────► 99 A

98 D

Sie haben

$L = (-\infty; \infty) = P$ ───────────► 97 F

$L = (-15; 1)$ ───────────► 103 G

$L = (-\infty; 1) \cap (-15; \infty)$ ───────────► 97 C

$L = (-\infty; 1)$ **und** $(-15; \infty)$ **bzw.**

$L_1 = (-\infty; 1)$ **und** $L_2 = (-15; \infty)$ ───────────► 96 E

ein anderes Ergebnis ───────────► 100 A

---

98 E

Ihr Ergebnis ist falsch. Sie haben die Fallunterscheidung nicht konsequent durchgeführt. Entsprechend der Aufgabenstellung gilt

$5x + 6 > 0$ **und** $16 - 2x \geq 3(5x + 6)$ **oder**

$5x + 6 < 0$ **und** $16 - 2x \leq 3(5x + 6)$.

Alle diese Bedingungen sind beim Bestimmen der Lösungsmenge zu beachten.

───────────► 100 B

99 A

Wir rechnen Ihnen nun ein Beispiel vor.
Gesucht ist die Lösungsmenge der Ungleichung

$$\left(x - \tfrac{1}{2}\right)^2 + \tfrac{3}{4} < \left(x + \tfrac{3}{2}\right)^2 + x \quad \text{mit} \quad x \in P.$$

Lösungsweg:
$$x^2 - x + \tfrac{1}{4} + \tfrac{3}{4} < x^2 + 3x + \tfrac{9}{4} + x$$
$$-\tfrac{1}{4} < x, \quad \text{d. h.,} \quad -\tfrac{1}{4} < x < \infty.$$

Daraus folgt $\underline{\underline{L = \left(-\tfrac{1}{4} \; ; \; \infty\right).}}$ —————————▶ 97 B

---

99 B

Sie müssen zu $L = (-15; 1)$ gekommen sein. —————————▶ 102 A
Wenn nicht, dann informieren Sie sich in Ihren Lehrbüchern oder in „Mathematik in Übersichten" noch einmal über Mengenoperationen! Korrigieren Sie Ihr Ergebnis!

---

99 C

Sie haben

$$L = \left(\tfrac{7}{2} \; ; \; \infty\right)$$ —————————▶ 97 H

$$L = \left(-\infty \; ; \; \tfrac{7}{2}\right)$$ —————————▶ 97 D

ein anderes Ergebnis —————————▶ 101 B

---

99 D

Welches Ergebnis haben Sie?
$L = (-\infty; \infty) = P$ —————————▶ 101 C
$L = \emptyset$ —————————▶ 96 D

Sie kommen bei $-12 < -1$ bzw. $12 > 1$ nicht weiter. —————————▶ 101 A
Sie haben kein oder ein anderes Ergebnis. —————————▶ 96 B

---

99 E

Sie erhielten nicht die gesuchte Lösungsmenge. Beachten Sie, daß auch das Gleichheitszeichen zugelassen ist, und überlegen Sie, wie sich das auf die Lösungsmenge auswirkt. —————————▶ 100 B

99 F

Sie müßten sinngemäß ergänzt haben
wahre / **alle** reellen / $(-\infty; \infty) = P$. —————————▶ 101 D

7*

100 A

Ihr Ergebnis ist falsch. Um die Aufgabe zu lösen, sind zuerst die beiden durch **und** verbundenen Ungleichungen getrennt zu lösen. Führen Sie das aus!

———————→ 101 D

100 B

Welches Ergebnis haben Sie?

$$L = \left(-\infty \; ; \; \frac{1}{20}\right)$$ ———————→ 103 F

$$L = \left[\left(-\frac{31}{16} \; ; \; \frac{5}{6}\right) \cup \left(\frac{5}{6} \; ; \; \frac{1}{20}\right)\right]$$ ———————→ 103 C

$$L = \left(-\frac{5}{6} \; ; \; \frac{1}{20}\right)$$ ———————→ 99 E

$$L = \left(-\frac{5}{6} \; ; \; \frac{1}{20}\right)$$ ———————→ 103 D

$$L = \left(-\infty \; ; \; \frac{1}{20}\right) \cup \left(\frac{1}{20} \; ; \; \infty\right)$$ ———————→ 98 E

Sie haben ein anderes, hier nicht angegebenes Ergebnis. ———————→ 103 A

100 C

Ihr Ergebnis ist falsch. Die Fehler sind darauf zurückzuführen, daß Sie von logischen Operationen nicht zu den richtigen Mengenoperationen übergegangen sind.
Lösen Sie die Aufgabe erneut! ———————→100 D

100 D

Bestimmen Sie die Lösungsmenge der Ungleichung

$$\frac{3x-8}{2x-1} > -5.$$ ———————→ 103 E

100 E

Der Lösungsweg dieser Aufgabe unterscheidet sich nicht wesentlich vom vorgerechneten Beispiel. Schauen Sie sich deshalb das Beispiel nochmals an, und rechnen Sie die Aufgabe erneut! — 102 A ———————→ 100 D

100 F

Sie haben den Eingangstest erfolgreich bestanden. Wir empfehlen Ihnen jedoch, zur Übung noch einige Ungleichungen zu lösen. ———————→ 101 F

101 A

Sie sind zu einem richtigen Zwischenergebnis gekommen.

$-12 < -1$ ist eine .... Aussage und gilt für ....

Zahlen, d. h., $L =$ .... ──────────▶ 99 F

---

101 B

Ihr Ergebnis ist falsch.
Es war die Lösungsmenge der Ungleichung

$$\frac{2x-3}{2} < \frac{2x-1}{3} \quad \text{zu bestimmen.}$$

Vergleichen Sie Ihre Rechnung mit dem folgenden

Lösungsweg:

$$6x - 9 < 4x - 2$$
$$2x < 7$$
$$x < \frac{7}{2}, \quad \text{d. h.,} \quad -\infty < x < \frac{7}{2}.$$

Geben Sie die Lösungsmenge in Intervallschreibweise an! ──────────▶ 98 B

---

101 C

Ihr Ergebnis ist richtig. ──────────▶ 101 D

---

101 D

Es ist die Menge aller reellen Zahlen gesucht, welche die **beiden** Ungleichungen

$$2{,}5(1 - 4x) > 2{,}5x - 10 \quad \text{und} \quad 5 - \frac{x}{5} > 3 - \frac{x}{3} \text{ erfüllen.} \quad \text{──────────▶ 98 D}$$

---

101 E

Sie sind zur Lösung gelangt.
Legen Sie eine kurze Pause ein, und lösen Sie danach noch einige Übungsaufgaben!

──────────▶ 101 F

---

101 F

Bestimmen Sie die Lösungsmengen für

1. $\frac{3x+9}{2x-3} > 6$ 2. $\frac{5}{x} - 4 > \frac{4}{x} + 6$

3. $\frac{x-4}{3} < 2$ und $x - 1 \geqq \frac{x+8}{5}$

4. $(4 + x)(4x - 5) \leqq (2x + 1)(2x + 6)$ ──────────▶ 103 B

102 A

Gesucht ist die Lösungsmenge der Ungleichung

$$\frac{5x+5}{4x-5} > 2 \,,$$

die wir gemeinsam bestimmen wollen.

Lösungsweg: Es ist zu beachten, daß beim Lösen von Ungleichungen **Fallunterscheidungen** notwendig sind, falls mit Termen multipliziert werden muß, welche die Variable x enthalten.
Fallunterscheidung: $4x - 5 > 0$ **oder** $4x - 5 < 0$.

I. Fall:

$4x - 5 > 0$ **und** $5x + 5 > 2(4x - 5)$

$\qquad x > \dfrac{5}{4}$ **und** $\qquad x < 5$

$$L_1 = \left(\frac{5}{4} \,;\, \infty\right) \cap \left(-\infty \,;\, 5\right) = \left(\frac{5}{4} \,;\, 5\right)$$

II. Fall:

$4x - 5 < 0$ **und** $5x + 5 < 8x - 10$

$\qquad x < \dfrac{5}{4}$ **und** $\qquad x > 5$

$$L_2 = \left(-\infty \,;\, \frac{5}{4}\right) \cap (5 \,;\, \infty) = \emptyset \,.$$

Um die Lösungsmenge L zu erhalten, muß gemäß der Fallunterscheidung die Vereinigungsmenge von L_1 und L_2 gebildet werden, da der logischen Operation **oder** die Vereinigungsbildung für Mengen entspricht.

$$L = L_1 \cup L_2 = \left(\frac{5}{4} \,;\, 5\right) \cup \emptyset$$

$$\underline{L = \left(\frac{5}{4} \,;\, 5\right).}$$

Sie müßten nun in der Lage sein, die folgende Aufgabe zu lösen. ──────▶ 102 B

102 B

Bestimmen Sie die Lösungsmenge der Ungleichung

$$\frac{16 - 2x}{5 + 6x} \geq 3 \,.$$

──────▶ 100 B

103 A

Ihr Ergebnis ist falsch! Schauen Sie sich deshalb das Beispiel noch einmal gründlich an!

————————➤ 102 A

103 B

Die Lösungsmengen sind

1. $L = \left(\dfrac{3}{2} ; 3 \right)$ 2. $L = \left(0 ; \dfrac{1}{10} \right)$

3. $L = \left[\dfrac{13}{4} ; 10 \right)$ 4. $L = \left[-\dfrac{26}{3} ; \infty \right)$

————————➤ 104 B

103 C

Ihr Ergebnis ist falsch. Sie haben bei der Fallunterscheidung die Aufgabenstellung verändert. Schauen Sie sich deshalb das Beispiel noch einmal an!

————————➤ 102 A

103 D

Ihr Ergebnis ist richtig! ————————➤ 100 D

103 E

Welches Ergebnis haben Sie?

$L = \left(\dfrac{1}{2} ; 1 \right)$ ————————➤ 100 C

$L = \left(-\infty ; \dfrac{3}{7} \right) \cup (1 ; \infty)$ ————————➤ 104 A

$L = \left(-\infty ; \dfrac{1}{2} \right) \cup (1 ; \infty)$ ————————➤ 101 E

Sie haben ein anderes Ergebnis erhalten. ————————➤ 100 E

103 F

Ihr Ergebnis ist falsch. Sie haben keine Fallunterscheidung getroffen. Lösen Sie die Aufgabe noch einmal! ————————➤ 102 B

103 G

Ihr Ergebnis ist richtig. Sie haben gewissenhaft gearbeitet. ————————➤ 102 A

104 A

Ihr Ergebnis ist falsch.

Aus $\dfrac{3x-8}{2x-1} > -5$ folgt für $2x-1 < 0$

$3x-8 < -5(2x-1)$, da die Multiplikation einer Ungleichung mit einem negativen Term **nur** eine Änderung des Relationszeichens zur Folge hat. Lösen Sie die Aufgabe zu Ende, und vergleichen Sie erneut! ─────────► 103 E

104 B

Sie sind am Ende des Teiles „Gleichungen und Ungleichungen" angekommen. Wir hoffen, daß Sie damit Ihre Kenntnisse zu diesem Stoffgebiet auffrischen und Ihre Fertigkeiten vervollkommnen konnten. Sie haben die Möglichkeit, das zu überprüfen, indem Sie sich jetzt noch einmal den Eingangstests der Abschnitte unterziehen, die Sie durcharbeiten mußten.

Diese Eingangstests finden Sie für

Wir wünschen Ihnen dabei und für Ihre darauffolgende Arbeit viel Erfolg.

─────────► 105 A

5. Funktionsbegriff und Eigenschaften

105 A

In diesem Abschnitt werden Aussagen über Funktionen, die in mehreren Schuljahren behandelt wurden, zusammengefaßt. Sie sollen nach dem Durcharbeiten des Programmteils in der Lage sein,

– funktionale Zusammenhänge in analytischer und grafischer Darstellung zu beschreiben,
– grundlegende Eigenschaften von Funktionen wie Monotonie und Umkehrbarkeit zu erkennen.

————————➤ 105 B

105 B

Bevor wir uns mit den Funktionen befassen, wiederholen wir einige Grundbegriffe über Gleichungen. Gleichungen, die eine (oder mehrere) Variable(n) enthalten, werden erst dann zu einer wahren oder falschen Aussage, wenn man die Variable (Variablen) durch Elemente aus einem vorgegebenen Grundbereich ersetzt. Jedes Element aus diesem Grundbereich, das die Gleichung in eine wahre Aussage überführt, heißt .... der Gleichung. Die Gesamtheit dieser .... einer Gleichung bez. eines vorgegebenen Grundbereichs bildet deren ....

————————➤ 107 A

105 C

a) $L = \emptyset$ b) $L = \left\{ \dfrac{2}{3} \right\}$ c) $L = \left\{ \dfrac{2}{3} ; -1 \right\}$

Falls Sie Schwierigkeiten bei der Bestimmung der Lösungsmenge hatten, dann

— S. 7 ———— ➤ 107 B

Sonst ———————— ➤ 106 A

105 D

A, B, C, E sind Lösungen, D und F nicht.
Falls Ihre Antwort richtig war, dann ———————— ➤ 105 E
Falls Ihre Antwort falsch war, müssen Sie die Rechnung noch einmal überprüfen, denn da alle Zahlenpaare dem gegebenen Grundbereich angehören, kann nur ein Rechenfehler vorliegen. — 106 A ———— ➤ 105 E

105 E

Für die im Lehrschritt 106 A gegebene Gleichung haben Sie bereits einige Lösungen ermittelt.
Wieviel Zahlenpaare enthält die vollständige Lösungsmenge? ———————— ➤ 107 C

106 A

Besonders wichtig sind Gleichungen, die zwei Variablen x und y enthalten und die in dem Grundbereich der geordneten Paare reeller Zahlen $M = \{(x;y) \mid x \in P, y \in P\}$ gegeben sind. Für M schreiben wir im folgenden kurz $\{(x;y)\}$.

$$x^2 + y^2 = 25$$

ist eine solche Gleichung mit zwei Variablen x und y. Das geordnete Paar reeller Zahlen $(3;4)$ ist Lösung der Gleichung; denn setzt man für die Variable x das 1. Element und für die Variable y das 2. Element des Zahlenpaares $(3;4)$ ein, so erkennt man, daß das Zahlenpaar aus der Gleichung eine wahre Aussage $3^2 + 4^2 = 25$ macht und auch in dem Grundbereich der geordneten Paare reeller Zahlen $(x;y)$ enthalten ist.
Prüfen Sie, welche der geordneten Paare reeller Zahlen weitere Lösungen der angegebenen Gleichung in M sind:

$A\,(5;0)$, $B\left(\dfrac{5}{2}\sqrt{2};\dfrac{5}{2}\sqrt{2}\right)$, $C(-3;4)$, $D\left(\dfrac{1}{2};\dfrac{9}{2}\right)$, $E(-\sqrt{21};2)$, $F\,(1;-6)$. ──────► 105D

106 B

Antwort:

L umfaßt unendlich viele Lösungen.
L umfaßt alle Paare, deren 1. Komponente $+3$ oder -3 ist, wobei die 2. Komponente beliebig sein kann.
$L = \{(-3;y), (3;y) \mid y \in P\}$.

Hatten Sie die Antworten gefunden?
Ja ────────► 106 C
Nein. Wiederholen Sie ────────► 106 A

106 C

Die Menge aller geordneten Paare reeller Zahlen $\{(x;y)\}$ läßt sich auf die Menge aller Punkte einer Ebene, der $(x;y)$-Ebene mit kartesischen Koordinaten, abbilden.

Frage 1: Worauf läßt sich *ein* geordnetes Paar reeller Zahlen abbilden?
Frage 2: Worauf lassen sich n verschiedene geordnete Paare reeller Zahlen abbilden?
────────► 109 B

107 A

Die Lücken in LS 105 B müßten Sie ergänzt haben durch:
Lösung / Lösungen / Lösungsmenge L.
Falls eine Gleichung keine Lösung hat, heißt die Lösungsmenge leer: $L = \emptyset$.

————————➤ 107 B

107 B

Geben Sie L für die Gleichung $3x^2 + x - 2 = 0$ an, wenn
a) $x \in N$,
b) x Element der positiven rationalen Zahlen,
c) $x \in P$.

————————➤ 105 C

107 C

Die vollständige Lösungsmenge enthält unendlich viele Zahlenpaare.
Auch die Gleichung $x^2 - 9 = 0$ läßt sich als Gleichung mit zwei Variablen in dem Grundbereich $\{(x;y)\}$ auffassen. Lösungen sind z. B. die Paare $(3;0)$, $(3;1)$, $(-3;-2)$, $(-3;5)$.
Warum sind diese Paare Lösungen der Gleichung?

————————➤ 109 A

107 D

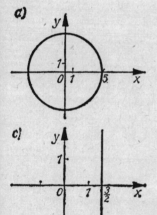

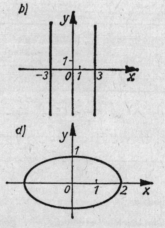

————————➤ 107 E

107 E

Die Kurve, die die Lösungsmenge der Gleichung $y = x^2$ in $\{(x;y)\}$ beschreibt, ist Ihnen sicherlich bekannt. Geben Sie einige Elemente der Lösungsmenge an, und zeichnen Sie die Kurve (Graph genannt), die L beschreibt.

————————➤ 109 C

108 A

Bisher haben wir uns mit Gleichungen von zwei Variablen x,y und deren Lösungsmengen beschäftigt. Eine Lösungsmenge, die dadurch gekennzeichnet ist, daß jeder 1. Komponente eines geordneten Zahlenpaares durch ein und dieselbe Vorschrift die 2. Komponente des geordneten Zahlenpaares **eindeutig** zugeordnet wird, nennen wir Funktion. Genauer:

Definition: Eine auf der Menge A definierte **Funktion** f mit Werten in der Menge B ist eine Menge von geordneten Paaren $(x;y)$ mit folgenden Eigenschaften:

1. $x \in A$ und $y \in B$.
2. Wenn die Paare $(x_1;y_1)$ und $(x_1;y_2)$ zu f gehören, so ist $y_1 = y_2$ (Eindeutigkeit von f). Wir schreiben: $f = \{(x;y)\}$.

Die Menge A heißt **Definitionsbereich** der Funktion f und wird mit $D(f)$ bezeichnet. Wenn für $D(f)$ keine Einschränkung erfolgt, ist immer der größtmögliche Definitionsbereich gemeint. Die Menge der $y \in B$, zu denen es ein x gibt, so daß $(x;y)$ in f liegt, heißt **Wertevorrat** von f und wird mit $W(f)$ bezeichnet.

Schreiben Sie mindestens **eine** andere Definition des Funktionsbegriffs auf!

──────────► 111 C

---

108 B

Lösungen zu V 9

1. a) $D(f) = \{x \mid -2 \leqq x \leqq +2\}$ $W(f) = \{y \mid -1 \leqq y \leqq +1\}$
   b) $D(f) = \{x \mid -1 \leqq x \leqq +2\}$ $W(f) = \{y \mid -1 \leqq y \leqq +4\}$

2.

	$y = f(x)$	$x = g(y)$	nicht Graph einer Funktion
a	×	×	
b			×
c	×		
d		×	

3. die **implizite Form**
   die **explizite Form** nach y
   die **explizite Form** nach x

4. **geordneter / Definitionsbereich / eindeutig** bzw. **genau / Wertevorrat**

Wenn Ihre Ergebnisse mit den angegebenen übereinstimmen, können Sie sofort bei LS 112 A fortfahren. ──────────► 112 A

Hatten Sie irgendwo abweichende Ergebnisse, arbeiten Sie den folgenden Programmabschnitt durch. ──────────► 108 A

109 A

Alle angegebenen Paare gehören dem Grundbereich an und machen aus der Gleichung $x^2 - 9 = 0$ eine wahre Aussage. Da y in der Gleichung nicht vorkommt, kann man y beliebig wählen. Die Entscheidung, ob ein Paar zur Lösungsmenge gehört oder nicht, hängt in diesem Fall nur von der ersten Komponente des Zahlenpaares ab.

Frage: Wieviel Lösungen umfaßt L, wenn $x^2 - 9 = 0$ in dem Grundbereich $\{(x;y)\}$ definiert ist, und wie kann man L in Worten und Symbolen beschreiben?

─────────────→ 106 B

---

109 B

Antwort 1: *Ein* geordnetes Paar reeller Zahlen läßt sich auf *einen* Punkt der $x;y$-Ebene abbilden.

Antwort 2: n geordnete Paare reeller Zahlen lassen sich auf n Punkte der $x;y$-Ebene abbilden.

–Die Lösungsmenge L einer Gleichung mit zwei Variablen x und y in dem Grundbereich $\{(x;y)\}$ ist Teilmenge dieses Grundbereiches $L \subseteq \{(x;y)\}$. Wenn L unendlich viele Elemente dieses Grundbereichs enthält, läßt sich L beschreiben durch eine Teilmenge der Menge aller Punkte der Ebene.
Diese Teilmenge bildet eine **Kurve** in der $(x;y)$-Ebene.
Die Kurve wird auch **Graph** genannt.
Von folgenden Gleichungen in $\{(x;y)\}$ kennen Sie die Lösungsmengen oder einzelne Elemente davon bereits teilweise aus dem Programm.

a) $x^2 + y^2 = 25$, b) $x^2 - 9 = 0$, c) $2x - 3 = 0$,

d) $\dfrac{x^2}{4} + \dfrac{y^2}{1} = 1$

Zeichnen Sie die Kurven, die für a, b, c, d jeweils die Lösungsmengen beschreiben!

─────────────→ 107 D

---

109 C

Einige Elemente der Lösungsmenge sind z. B. $(1;1)$, $(-2;4)$, $(-3;9)$.
Der durch $y = x^2$ beschriebene Graph ist eine Parabel und hat die nebenstehende Gestalt:

Aufgabe:

Es wird Ihnen nun leichtfallen, zur Gleichung $y^2 = x$ in $\{(x;y)\}$ Elemente der Lösungsmenge aufzuschreiben und den L entsprechenden Graphen zu zeichnen.

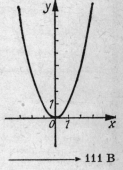

─────────────→ 111 B

110 A

Überprüfen Sie anhand der nachfolgenden Aufgaben, ob Sie den Begriff „Funktion" sicher beherrschen. Schauen Sie erst dann zu den Ergebnissen, wenn Sie alle Aufgaben gelöst haben. Wenn Sie sich jedoch die Erledigung dieser Aufgaben nicht zutrauen, dann ────────► 108 A

Vorkontrolle V 9

1. Durch a), b) ist jeweils der Graph einer Funktion $y = f(x)$ gegeben.
   Geben Sie Definitionsbereich und Wertevorrat dieser Funktion an! Beachten Sie, daß – sofern nichts anderes vereinbart wird – immer der größtmögliche Definitionsbereich verlangt wird.

a)

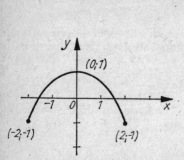

b)

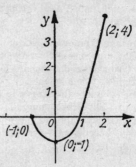

2. Gegeben sind vier Skizzen ebener Kurven.

a)

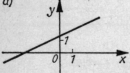

b)

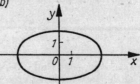

c)

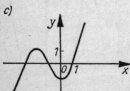

d)

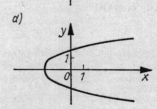

Welche davon sind Graphen von Funktionen $y = f(x)$?
Welche davon sind Graphen von Funktionen $x = g(y)$?
Welche sind nicht Graph einer Funktion?
Fertigen Sie eine Tabelle an! ────────► 111 A

3. $5x - 2y + \dfrac{3}{2} = 0$; $y = \dfrac{5}{2}x + \dfrac{3}{4}$; $x = \dfrac{2}{5}y - \dfrac{3}{10}$

sind drei äquivalente Funktionsgleichungen, die die gleiche ebene Kurve beschreiben.

$5x - 2y + \dfrac{3}{2} = 0$ ist die _____ Form der Funktion.

$y = \dfrac{5}{2}x + \dfrac{3}{4}$ ist die _____ Form der Funktion nach _____

$x = \dfrac{2}{5}y - \dfrac{3}{10}$ ist die _____ Form der Funktion nach _____

4. Füllen Sie die Lücken im Text!

Eine Funktion f ist eine Menge .... Paare $(x;y)$, bei der jedem Element x aus einer Menge A, ... genannt, durch eine Vorschrift $y = f(x)$ .... ein Element y aus einer Menge B, ... genannt, zugeordnet wird.

──────────────► 108 B

Der durch $y^2 = x$ beschriebene
Graph hat die Gestalt:

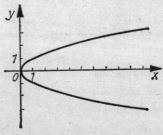

Im folgenden befassen wir uns mit Funktionen.

──────────────► 110 A

Ihre Antwort müßte eine der Formen a, b, c sinngemäß enthalten:

a) Die **Funktion** f ist eine Menge geordneter Paare $(x;y)$, bei der jedem Element einer Menge $A\,(x \in A)$ *genau ein* Element einer Menge $B\,(y \in B)$ durch eine Vorschrift zugeordnet ist. Die Menge A heißt Definitionsbereich $D(f)$ der Funktion f. Die Menge derjenigen y, die als 2. Komponenten in den geordneten Paaren der Funktion auftreten, heißt Wertevorrat $W(f)$ der Funktion f.

b) Wenn jedem Element x einer gegebenen Menge $A\,(x \in A)$
ein Element y *eindeutig* durch eine Vorschrift f zugeordnet ist, so heißt diese Zuordnung eine **Funktion**. Die Menge A ist der Definitionsbereich $D(f)$.
Der Wertevorrat $W(f)$ ist die Menge aller zugeordneten y.

c) Eine *eindeutige* Abbildung von der Menge A in die Menge B heißt **Funktion** f mit dem Definitionsbereich $D(f) = A$.
, Der Wertevorrat von f ist eine Teilmenge von B.

Frage: Welches wesentliche Merkmal kommt in allen Definitionen der Funktion zum Ausdruck?

──────────────► 113 A

112 A

In den folgenden Aufgaben sind einige Zuordnungen zwischen den Variablen x und y gegeben. Untersuchen Sie, welche dieser Gleichungen Funktionen $y = f(x)$ sind, und notieren Sie Ihre Antwort.

a) $y = |x|$ für $(-1 \leq x \leq 1)$
b) $y = \sin x$ für $(-\infty < x < \infty)$
c) $y^2 = x - 1$ für $x \geq 1$
d) Gegeben seien die Mengen $A = \{-3; -2; -1; 0; 1; 2; 3\}$ und
   $B = \{0; 1; 2; 3\}$. Für $x \in A$ und $y \in B$ gilt die Zuordnung

x	-3	-2	-1	0	1	2	3
y	3	1	0	2	0	1	3

e) Gegeben seien die Mengen $A = \{0; 1; 2; 3\}$ und $B = \{-3; -2; -1; 0; 1; 2; 3\}$.

Für $x \in A$ und $y \in B$ gilt die Zuordnung

x	3	1	0	2	0	1	3
y	-3	-2	-1	0	1	2	3

f) $y = 5$ für $(-\infty < x < \infty)$

g) $\{(x; \sqrt{x}) \mid x \geq 0\}$ ———————→ 115 A

---

112 B

In den Lehrschritten 109 C und 111 B traten die Gleichungen

a) $y = x^2$ und b) $y^2 = x$

mit dem Grundbereich $\{(x; y)\}$ auf.

Stellen die Gleichungen Funktionen dar, wobei x ein Element des Definitionsbereiches $D(f)$ und y ein Element des Wertebereiches $W(f)$ bedeuten soll?
Begründen Sie Ihre Antwort unter Verwendung der Graphen aus den Lehrschritten
109 C und 111 B. ———————→ 115 B

---

112 C

Gegeben ist die Funktion $y = f(x) = \dfrac{1}{2} x + 3$.

a) Geben Sie $W(f)$ an, wenn $D(f) = \{x \mid -4 \leq x \leq -1\}$ ist.
b) Geben Sie $D(f)$ an, wenn $W(f) = \{y \mid 2 \leq y \leq 5\}$ ist.
   Skizze! ———————→ 114 A

113 A

Das wesentliche Kennzeichen einer Funktion ist die **Eindeutigkeit** der Abbildung (Zuordnung), d. h., *daß jedem x-Wert der Menge A genau ein y-Wert der Menge B zugeordnet wird* (wohl aber kann ein *y*-Wert zu mehreren, ja sogar zu unendlich vielen *x*-Werten gehören!).

———————————→ 112 B

113 B

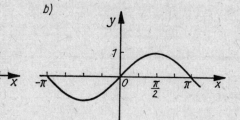
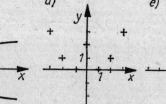
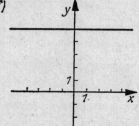
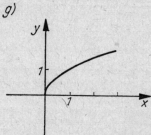

———————————→ 112 C

114 A

Vergleichen Sie!

a) $W(f) = \{ y \mid 1 \leqq y \leqq 2,5 \}$ b) $D(f) = \{ x \mid -2 \leqq x \leqq 4 \}$

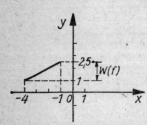 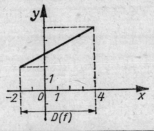

——————→ 114 B

114 B

Lesen Sie aus dem nebenstehenden
Graphen $D(f)$ und $W(f)$ ab!

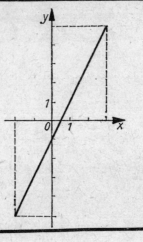

——————→ 117 A

114 C

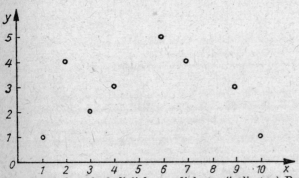

Der Graph besteht lediglich aus *diskreten* (isolierten) Punkten. Entspricht ihr Graph
der gegebenen Vorlage?

Ja

Nein

——————→ 116 A
——————→ 116 B

114

115 A

Die richtige Antwort lautet: a, b, d, f, g sind Funktionen.
Hatten Sie alle Funktionen richtig erkannt,
dann

————————► 112 C

Hatten Sie nicht alle Funktionen richtig erkannt, so

————————► 115 C

115 B

a) $y = x^2$ ist eine Funktion, denn
zu jedem reellen x gehört genau ein y.
b) $y^2 = x$ ist keine Funktion, denn
zu jedem $x > 0$ gehören zwei y-Werte, $y_1 > 0$ und $y_2 < 0$.

War Ihre Antwort richtig?

Ja

————————► 112 A

Nein

————————► 113 A

115 C

Studieren Sie die entsprechenden Hinweise aufmerksam, und skizzieren Sie die zugehörigen Graphen:

a) $y = |x| = \begin{cases} -x \text{ für } -1 \leq x \leq 0 \\ x \text{ für } 0 \leq x \leq 1 \end{cases}$

Für jeden x-Wert gibt es jeweils einen y-Wert, also liegt eine Funktion vor.

b) $y = \sin x$ ist eine Funktion, denn jedem x-Wert wird genau ein y-Wert zugeordnet.

c) $y^2 = x - 1$ ist keine Funktion für $x \geq 1$, denn
die Gleichung wird beispielsweise für $x = 2$ durch zwei y-Werte $y_1 = 1$ und $y_2 = -1$ erfüllt, und damit liegt keine eindeutige Zuordnung vor.

d) In dieser Zuordnung entspricht jedem x-Wert genau ein y-Wert,
folglich wird durch die Zuordnung eine Funktion erklärt.

e) Den x-Werten 3; 1 und 0 entsprechen jeweils zwei y-Werte,
folglich ist die Zuordnung nicht eindeutig, und damit liegt keine Funktion vor.

f) Jedem x-Wert entspricht eindeutig der Wert $y = 5$,
folglich handelt es sich um eine Funktion.

g) $\{(x; \sqrt{x}) \,|\, x \geq 0\}$ ist eine Menge von geordneten Paaren
(vgl. LS 111 C Definition a).

Die 2. Komponente $\sqrt{x}$ ist für jedes x eindeutig bestimmt, folglich ist die betrachtete Menge eine Funktion.

Vergleichen Sie Ihre Graphen mit

————————► 113 B

8*

116 A

Betrachten Sie den Graphen in LS 114 B mit

$D(f) = \{x \mid -2 \leqq x \leqq 3\}$ und $W(f) = \{y \mid -5 \leqq y \leqq 5\}$.

Sie können dem Graphen die Paare

$(-2; -5)$, $(0; -1)$, $(2; 3)$, $(3; 5)$ entnehmen.

Frage: Gehören diese Paare zur Lösungsmenge der Gleichung

$2x - y - 1 = 0$?

$\longrightarrow$ 119 A

116 B

Wenn Sie die Punkte durch Linien verbunden haben, so ist das falsch. Der Definitionsbereich besteht aus einer *endlichen* Menge von Zahlen. Die Wertetabelle sagt über die
Zwischenwerte nichts aus. $\longrightarrow$ 116 A

116 C

Die neue Gleichung heißt $x = 2y - 1$, die neuen Wertepaare

$(-5; -2)$, $(-1; 0)$, $(3; 2)$, $(5; 3)$ gehören zur Lösungsmenge.

Geben Sie für die neue Gleichung eine implizite Darstellung und die explizite Darstellung nach y an.
Zeichnen Sie den dazugehörigen Graphen zwischen den Paaren
$(-5; -2)$ und $(5; 3)$!

$\longrightarrow$ 119 B

116 D

Ja, beide Gleichungen stellen eine Funktion dar, denn aus dem Graphen erkennt man,
daß jedem x-Wert genau ein y-Wert zugeordnet ist.
Hatten Sie Schwierigkeiten bei der Beantwortung der Frage?
Wenn ja, dann — 108 A $\longrightarrow$ 116 E
Sonst direkt $\longrightarrow$ 116 E

116 E

Gegeben sei $y = 2x - 1$
mit $D(f) = \{x \mid -2 \leqq x \leqq 3\}$ und $W(f) = \{y \mid -5 \leqq y \leqq 5\}$.
Vertauschen Sie x und y, und geben Sie für die neue nach y aufgelöste Funktion

$y = \bar{f}(x) = \frac{1}{2}x + \frac{1}{2}$, $D(\bar{f})$ und $W(\bar{f})$ an.

$\longrightarrow$ 118 A

117 A

Ihr Ergebnis muß lauten:
$D(f) = \{x \mid -2 \leq x \leq 3\}$, $W(f) = \{y \mid -5 \leq y \leq 5\}$
Stellen Sie die durch folgende Wertetabelle für $x \in N$ gegebene Funktion graphisch dar.

x	1	2	3	4	6	7	9	10
y	1	4	2	3	5	4	3	1

————————► 114 C

117 B

Antwort: Nicht jede Funktion $y = f(x)$ besitzt eine Umkehrfunktion. Vertauscht man in der Gleichung $y = x^2$ die Variablen x und y, so stellt die Gleichung $x = y^2$ keine Funktion dar, denn zu jedem $x > 0$ gehören zwei y-Werte (vgl. LS 111 B).

Damit Sie künftig leicht entscheiden können, wann eine Funktion eine Umkehrfunktion besitzt, verwenden wir im folgenden den Begriff der **Monotonie**.
Frage: Wann heißt eine Funktion monoton? ————————► 119 C

117 C

Wenn x von -5 nach 0 geht, so nehmen die Funktionswerte ab. Wenn x von 0 nach $+5$ geht, so nehmen die Funktionswerte zu. Das ist ein auffälliges Verhalten, das viele Funktionen in ähnlicher Weise zeigen. Allgemein gilt für $y = x^2$:
Im Intervall $(-\infty < x < 0)$ ist für $x_1 < x_2$ stets $f(x_1) > f(x_2)$.
In diesem Fall nennt man die Funktionen
streng monoton abnehmend (oder fallend).
Im Intervall $(0 < x < \infty)$ ist für $x_1 < x_2$ stets $f(x_1) < f(x_2)$.
In diesem Fall heißt die Funktion
streng monoton zunehmend (oder steigend).
Was versteht man also unter Monotonie?
Versuchen Sie dieses Verhalten zu definieren! ————————► 119 C

118 A

Das Ergebnis ist:

$D(\overset{*}{f}) = \{x \mid -5 \leq x \leq 5\}, \quad W(\overset{*}{f}) = \{y \mid -2 \leq y \leq 3\}$

Sie erkennen:

Vertauscht man x und y auch in $D(f)$ und $W(f)$,
so geht $W(f)$ in $D(\overset{*}{f})$ und $D(f)$ in $W(\overset{*}{f})$ über:

$W(f) \rightarrow D(\overset{*}{f})$ und $D(f) \rightarrow W(\overset{*}{f})$.

Merke: Wenn aus einer Ausgangsfunktion durch Vertauschen von x und y eine neue
Funktion entsteht, so nennen wir wegen der **Eindeutigkeit beider Funktionen**
die Ausgangsfunktion **eineindeutig** oder **umkehrbar eindeutig**. Die neue Funktion heißt **Umkehrfunktion** oder **inverse Funktion** zur Ausgangsfunktion.

Frage: Besitzt jede Funktion $y = f(x)$ eine Umkehrfunktion, d. h., trifft die soeben
angeführte Aussage auf jede Funktion zu?

Prüfen Sie daraufhin $y = x^2$! ─────────── ► 117 B

118 B

Ein Intervall, in dem eine Funktion entweder nur streng monoton fallend oder nur
streng monoton steigend ist, heißt **Monotonieintervall**.
Bestimmen Sie von den folgenden Funktionen die Monotonieintervalle M und das
Monotonieverhalten:

a) $y = x^3$, b) $y = x^4$, c) $y = x^2 - 4x + 6$ ─────────── ► 121 A

118 C

Stellen Sie fest,
welche der 4 Graphen zu eineindeutigen Funktionen gehören!

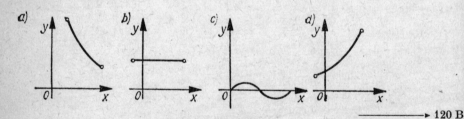

─────────── ► 120 B

119 A

Lautet Ihre Antwort:

Nein. Dann haben Sie Rechenfehler gemacht.
Prüfen Sie Ihre Rechnung nach. ——————▶ 116 A

Ja. Diese Gleichung beschreibt die in LS 114 B gegebene Funktion.

Wir nennen sie implizite Form der Funktion.
Löst man die Gleichung nach y bzw. x auf, so nennt man die Formen

$y = 2x - 1$ explizite Form der Gleichung nach y,

$x = \frac{1}{2}y + \frac{1}{2}$ explizite Form der Gleichung nach x.

Aufgabe: Vertauschen Sie in der Gleichung $y = 2x - 1$ und in den Paaren $(-2; -5)$, $(0; -1)$, $(2; 3)$, $(3; 5)$ x und y, also $(x; y) \rightarrow (y; x)$.
Geben Sie die neue Gleichung an, und stellen Sie fest, ob die neuen Wertepaare zur Lösungsmenge der neuen Gleichung gehören! ——————▶ 116 C

---

119 B

Ergebnis:

$x - 2y + 1 = 0$

ist eine implizite Darstellung,

$y = \frac{1}{2}x + \frac{1}{2}$ ist die explizite Darstellung nach y.

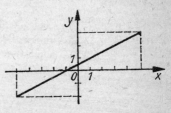

Der Graph hat folgende Gestalt:

Entscheiden Sie, ob die beiden Gleichungen eine Funktion darstellen oder nicht!
——————▶ 116 D

---

119 C

Antwort:

Eine Funktion $y = f(x)$ heißt in einem Intervall **streng monoton** genau dann, wenn für alle $x_1 < x_2$ des Intervalls entweder stets

$f(x_1) < f(x_2)$ oder stets $f(x_1) > f(x_2)$ gilt.

Für $f(x_1) < f(x_2)$ heißt sie **streng monoton zunehmend oder steigend** und

für $f(x_1) > f(x_2)$ **streng monoton abnehmend oder fallend.**

Falls Sie die Antwort nicht geben konnten ——————▶ 120 A
Wenn Ihre Antwort richtig war ——————▶ 118 B

120 A

Betrachten Sie noch einmal die Funktion $y = x^2$.
Lassen Sie x beispielsweise von —5 bis 5 wachsen.
Beachten Sie den Verlauf der Funktionswerte.
Was fällt Ihnen auf?

————————→ 117 C

120 B

Eineindeutigkeit liegt bei a) und d) vor.
Hatten Sie auch dieses Ergebnis?
Nein ————————→ 120 C
Ja ————————→ 123 A

120 C

a)

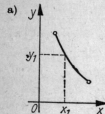

Jedem x-Wert ist genau ein y-Wert zugeordnet und umgekehrt
(eineindeutige Abbildung).

b)

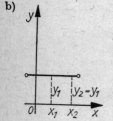

Jedem x-Wert ist genau ein y-Wert zugeordnet,
aber zu dem einen y-Wert gehören unendlich viele x-Werte.

c)

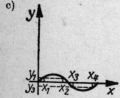

Jedem x-Wert ist genau ein y-Wert zugeordnet,
aber es gehören z. B. zum Wert y_1 die x-Werte x_1 und x_2.

d)

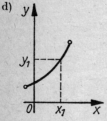

Jedem x-Wert ist genau ein y-Wert zugeordnet und umgekehrt
(eineindeutige Abbildung).

————————→ 123 A

a)

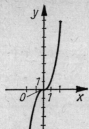

$M = \{x \mid - \infty < x < + \infty)$ streng monoton steigend

b)

$M_1 = \{x \mid - \infty < x < 0\}$ streng monoton fallend

$M_2 = \{x \mid 0 \leqq x < \infty\}$ streng monoton steigend

c)

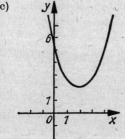

$y - 2 = (x - 2)^2$

$M_1 = \{x \mid - \infty < x < 2\}$ streng monoton fallend

$M_2 = \{x \mid 2 \leqq x < \infty\}$ streng monoton steigend

War Ihr Ergebnis richtig?
Ja
Nein

$\longrightarrow$ 118 C
$- 119\,C \longrightarrow$ 118 C

122 A

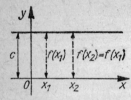

Es gilt $f(x_1) = f(x_2)$ auch für $x_1 \neq x_2$, d. h., $y = f(x)$ ist nicht streng monoton, also auch nicht umkehrbar.

——————→ 122 B

---

122 B

Was schließen Sie hinsichtlich der Umkehrbarkeit der Funktion $y = \sin x$ für das Intervall $0 \leqq x \leqq \pi$ aus der Tatsache, daß

$$\sin \frac{\pi}{4} = \sin \frac{3}{4}\pi = \frac{\sqrt{2}}{2} \text{ gilt?}$$

——————→ 124 B

---

122 C

Ergebnis: Das gegebene Intervall läßt sich in drei Monotonieintervalle einteilen. $f(x)$ ist

auf $\quad M_1 = \left\{ x \mid 0 \leqq x < \frac{\pi}{2} \right\} \quad$ streng monoton steigend,

auf $\quad M_2 = \left\{ x \mid \frac{\pi}{2} \leqq x \leqq \frac{3\pi}{2} \right\} \quad$ streng monoton fallend,

auf $\quad M_3 = \left\{ x \mid \frac{3\pi}{2} < x \leqq 2\pi \right\} \quad$ streng monoton steigend.

War Ihr Ergebnis richtig?

Nein.
— 119 C —→ 125 A·

Ja
——————→ 122 D

---

122 D

Die Aufstellung der Umkehrfunktion einer gegebenen Funktion $y = f(x)$ mit dem Definitionsbereich $D(f) = \{x \mid a \leqq x \leqq b\}$ erfolgt am besten in 3 Schritten:

1. Zerlegen des Definitionsbereichs $D(f)$
   in Monotonieintervalle.
2. Die Ausgangsfunktion $y = f(x)$, im folgenden mit **AF** bezeichnet,
   für jedes Intervall nach x explizit auflösen.
   Ergebnis: $\quad x = \bar{f}(y)$
3. y und x vertauschen: $y = \bar{f}(x)$

Dann ist $y = \bar{f}(x)$ die Umkehrfunktion für das betreffende Monotonieintervall, im folgenden mit **UF** bezeichnet.

Prägen Sie sich die 3 Schritte des Umkehralgorithmus gut ein! ——————→ 123 B

123 A

Welcher Zusammenhang besteht zwischen der Eineindeutigkeit und der Monotonie?
(Beachten Sie den Merksatz im LS 118 A.) ———————▶ 124 A

---

123 B

Wir wollen den Umkehralgorithmus an einem Beispiel zeigen.

Beispiel: Gegeben sei $y = x^2$, $D(f) = \{x \mid -\infty < x < \infty\}$
$$W(f) = \{y \mid 0 \leqq y < \infty\}$$

Wegen der Definition des Betrages

$$|x| = \begin{cases} -x & \text{für} \quad x < 0 \\ x & \text{für} \quad x \geqq 0 \end{cases} \quad \text{gilt offenbar}$$

$$y = x^2 = |x|^2.$$

Schritt 1:

$M_1 = D_1(f) = \{x \mid -\infty < x < 0\}$

$\quad W_1(f) = \{y \mid 0 < y < \infty\}$ $\qquad f(x)$ streng monoton fallend

$M_2 = D_2(f) = \{x \mid 0 \leqq x < \infty\}$

$\quad W_2(f) = \{y \mid 0 \leqq y < \infty\}$ $\qquad f(x)$ streng monoton steigend

Schritt 2:

Aus $y = x^2 = |x|^2$ folgt $\sqrt{y} = |x|$.

Damit wird für

$D_1(f)$: $\sqrt{y} = -x$, also $x = -\sqrt{y}$,

$D_2(f)$: $\sqrt{y} = x$, also $x = \sqrt{y}$.

Schritt 3:

UF von $y = x^2$ mit $\underline{D_1(f) = \{x \mid -\infty < x < 0\}}$ ist $\underline{y = -\sqrt{x}}$ mit

$D_1(\bar{f}) = \{x \mid 0 \leqq x < \infty\}$,

$W_1(\bar{f}) = \{y \mid -\infty < y < 0\}$ $\quad \bar{f}_1(x)$ streng monoton fallend

UF von $y = x^2$ mit $\underline{D_2(f) = \{x \mid 0 \leqq x < \infty\}}$ ist $\underline{y = \sqrt{x}}$ mit

$D_2(\bar{f}) = \{x \mid 0 \leqq x < \infty\}$,

$W_2(\bar{f}) = \{y \mid 0 \leqq y < \infty\}$ $\quad \bar{f}_2(x)$ streng monoton steigend

Vergleichen Sie in jedem Monotonieintervall den Definitionsbereich von AF mit dem Wertevorrat von UF.
Welchen Zusammenhang erkennen Sie? ———————▶ 125 B

124 A

Funktionen, die auf einem bestimmten Intervall entweder nur streng monoton wachsend oder nur streng monoton fallend sind, sind auf diesem Intervall eineindeutig (umkehrbar eindeutig).

Merksatz:

Eine Funktion $y = f(x)$ ist auf einem Intervall genau dann umkehrbar, wenn sie dort eineindeutig ist, d. h., wenn aus $f(x_1) = f(x_2)$ stets $x_1 = x_2$ folgt,
oder eine Funktion ist auf einem Intervall genau dann umkehrbar, wenn sie dort streng monoton ist.

Prüfen Sie mit diesem Satz die Funktion $y = c$ auf Monotonie und Umkehrbarkeit!

─────────► 122 A

124 B

Da aus $\sin x_1 = \sin x_2 = \dfrac{\sqrt{2}}{2}$ nicht notwendig folgt, daß $x_1 = x_2$ sein muß

$\left(x_1 = \dfrac{\pi}{4} \neq x_2 = \dfrac{3\pi}{4} \right)$, ist die Funktion $y = \sin x$ auf dem Intervall $0 \leqq x \leqq \pi$ nicht umkehrbar.

─────────► 125 A

124 C

Über die grundlegenden Eigenschaften der Funktionen stellen wir Ihnen jetzt zusammenfassend einige Aufgaben.

1. $x^2 - y^2 = 1$, Grundmenge $M = \{(x;y) \mid x \geqq 0, x, y \in P\}$
   a) Zeichnen Sie die zugehörige Kurve!
   b) Welche Funktionen werden durch die Kurve dargestellt?
   c) Geben Sie $D(f)$ und $W(f)$ an!

2. a) Geben Sie für die Funktion $xy = 4$ den größtmöglichen $D(f)$ und den zugehörigen $W(f)$ an!
   b) Welche Monotonieeigenschaften hat diese Funktion?

3. a) Zeichnen Sie den Graphen der Funktion
   $y = (x + 3)^2$ für $-6 < x < 0$
   b) Geben Sie die Monotonieintervalle an!
   c) Wie heißen die Umkehrfunktionen,
      ihre Definitionsbereiche und Wertevorräte?

─────────► 129 A

124 D

Die Funktion $y = (x + 1)^4$ mit $D(f) = \{x \mid -\infty < x < \infty\}$ ist umzukehren und grafisch darzustellen.

─────────► 127 A

125 A

Wenn man den Definitionsbereich $D(f)$ einer Funktion in Monotonieintervalle einteilen kann, so kann man für jedes Monotonieintervall eine Umkehrfunktion angeben.

Aufgabe: Zerlegen Sie den Definitionsbereich $0 \leqq x \leqq 2\pi$ für die Funktion $y = \sin x$ in Monotonieintervalle!

───────► 122 C

125 B

Infolge der Vertauschung von x und y bei der Anwendung des Umkehralgorithmus entsteht aus dem Definitionsbereich $D(f)$ oder einem Teil $D_i(f)$ davon der Wertevorrat $W(f)$ bzw. $W_i(f)$ und aus dem Wertevorrat $W(f)$ bzw. $W_i(f)$ der Definitionsbereich $D(\bar{f})$ bzw. $D_i(\bar{f})$.

$$D_i(f) \rightarrow W_i(\bar{f})$$
aber auch $W_i(f) \rightarrow D_i(\bar{f})$

Aufgabe: Stellen Sie zu a) $y = 2x$ und b) $y = x$ die Umkehrfunktion auf, zeichnen Sie jeweils Ausgangsfunktion und Umkehrfunktion in je eine Skizze ein, und stellen Sie die gegenseitige Lage von AF und UF hinsichtlich der Lage zur Geraden $y = x$ fest!

───────► 126 A

125 C

Aus $5x + 3y - 4 = 0$ folgt $y = -\dfrac{5}{3}x + \dfrac{4}{3}$ (AF)

Für $D(f) = \{x \mid -\infty < x < \infty\}$ mit $W(f) = \{y \mid -\infty < y < \infty\}$ ist die Funktion monoton abnehmend.

1. Wir brauchen keine Zerlegung in Monotonieintervalle auszuführen.

2. Aus $y = -\dfrac{5}{3}x + \dfrac{4}{3}$ folgt $x = -\dfrac{3}{5}y + \dfrac{4}{5}$

3. $x \Leftrightarrow y$: UF: $y = -\dfrac{3}{5}x + \dfrac{4}{5}$ mit $D(\bar{f}) = \{x \mid -\infty < x < \infty\}$

$$W(\bar{f}) = \{y \mid -\infty < y < \infty\}$$

Skizze s. LS 126 B

───────► 124 D

125 D

An weiteren Beispielen sollen Sie die Bestimmung der Umkehrfunktion üben:

Aufgabe: Zur Funktion $5x + 3y - 4 = 0$

mit $D(f) = \{x \mid -\infty < x < \infty\}$ ist die Umkehrfunktion sowie deren Definitionsbereich und Wertevorrat anzugeben. Für Ausgangsfunktion und Umkehrfunktion sind die Graphen zu zeichnen.

───────► 126 B

126 A

Ergebnis:

a) $y = 2x$ AF   b) $y = x$ AF

    $x = \dfrac{1}{2}\, y$ $x = y$

    $y = \dfrac{1}{2}\, x$ UF $y = x$ UF

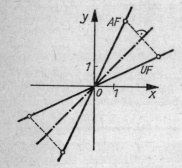 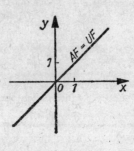

Folgerung: Ausgangsfunktion und Umkehrfunktion sind Spiegelbilder in bezug auf die Symmetrieachse $y = x$.

Unter der Voraussetzung, daß es überhaupt eine Umkehrfunktion gibt, gilt allgemein:

Der Graph einer Umkehrfunktion entsteht durch Spiegelung des Graphen der Ausgangsfunktion an der Geraden $y = x$.
                                        ⟶ 125 D

---

126 B

Ergebnis:

$$y = -\frac{3}{5}\, x + \frac{4}{5} \quad \text{UF}$$

$$D(\hat{f}) = \{x \mid -\infty < x < \infty\}$$

$$W(\hat{f}) = \{y \mid -\infty < y < \infty\}$$

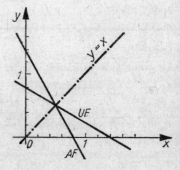

Haben Sie die Aufgabe gelöst?

Ja   ⟶ 124 D

Nein. Dann sehen Sie sich den Lösungsgang gründlich an   ⟶ 125 C

127 A

Sicherlich haben Sie bemerkt, daß man den Definitionsbereich zuerst in Monotonie-intervalle und damit die Ausgangsfunktion in zwei monotone Teilfunktionen zerlegen muß.
Es ergibt sich dann:

UF$_1$: $y_1 = -1 - \sqrt[4]{x}$

$\qquad D_1(\hat{f}) = \{x \mid 0 \leqq x < \infty\}$

$\qquad W_1(\hat{f}) = \{y \mid -\infty < y \leqq -1\}$

UF$_2$: $y_2 = -1 + \sqrt[4]{x}$

$\qquad D_2(\hat{f}) = \{x \mid 0 < x < \infty\}$

$\qquad W_2(\hat{f}) = \{y \mid -1 < y < \infty\}$

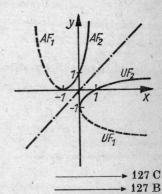

Falls Sie die Aufgabe gelöst haben

Sonst

———————→ 127 C

———————→ 127 B

127 B

Wir geben für $y = (x + 1)^4$ noch einige Lösungshinweise:

Die Funktion *nimmt monoton ab* für $-\infty < x \leqq -1$
Die Funktion *nimmt monoton zu* für $-1 < x < \infty$

1. Zerlegung von $D(f)$ in

$\qquad D_1(f) = \{x \mid -\infty < x \leqq -1\}$ $\qquad W_1(f) = \{y \mid 0 \leqq y < \infty\}$

$\qquad D_2(f) = \{x \mid -1 < x < \infty\}$ $\qquad W_2(f) = \{y \mid 0 < y < \infty\}$

2. Für $D_1(f)$ ist $(x + 1)^4 = y$ $\qquad$ Für $D_2(f)$ ist $(x + 1)^4 = y$

$\qquad x + 1 = -\sqrt[4]{y}$ $\qquad\qquad\qquad x + 1 = \sqrt[4]{y}$

$\qquad x = -1 - \sqrt[4]{y}$ $\qquad\qquad\qquad x = -1 + \sqrt[4]{y}$

3. UF$_1$: $y_1 = -1 - \sqrt[4]{x}$ $\qquad$ UF$_2$: $y_2 = -1 + \sqrt[4]{x}$

$\qquad D_1(\hat{f}) = \{x \mid 0 \leqq x < \infty\}$ $\qquad D_2(\hat{f}) = \{x \mid 0 < x < \infty\}$

$\qquad W_1(\hat{f}) = \{y \mid -\infty < y \leqq -1\}$ $\qquad W_2(\hat{f}) = \{y \mid -1 < y < \infty\}$

———————→ 127 C

127 C

Lösen Sie noch eine letzte Aufgabe:
Es ist die Funktion $y = |x|$ auf dem Definitionsbereich

$D(f) = \{x \mid -\infty < x < \infty\}$ umzukehren. ———————→ 128 A

128 A

Ergebnis:

$UF_1 : \underline{\underline{y_1 = -x}}$

$\qquad D_1(\hat{f}) = \{x \mid 0 \leqq x < \infty\}$

$\qquad W_1(\hat{f}) = \{y \mid -\infty < y \leqq 0\}$

$UF_2 : \underline{\underline{y_2 = x}}$

$\qquad D_2(\hat{f}) = \{x \mid 0 < x < \infty\}$

$\qquad W_2(\hat{f}) = \{y \mid 0 < y < \infty\}$

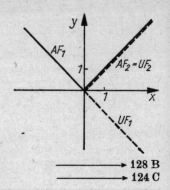

Falls Sie nicht zu diesem Ergebnis gelangt sind ————————▶ 128 B
Sonst ————————▶ 124 C

---

128 B

Lösungshinweis:

$y = |x| = \begin{cases} -x, \text{ für } -\infty < x \leqq 0, \text{ streng monoton abnehmend} \\ x, \text{ für } 0 < x < \infty, \text{ streng monoton zunehmend} \end{cases}$

1. Zerlegung von $D(f)$ in

$D_1(f) = \{x \mid -\infty < x \leqq 0\}$ $\qquad W_1(f) = \{y \mid 0 \leqq y < \infty\}$

$D_2(f) = \{x \mid 0 < x < \infty\}$ $\qquad W_2(f) = \{y \mid 0 < y < \infty\}$

2. Für $D_1(f)$ ist $y = -x$ $\qquad\qquad$ Für $D_2(f)$ ist $y = x$

$\qquad\qquad\qquad x = -y$ $\qquad\qquad\qquad\qquad\qquad x = y$

3. $UF_1: \underline{\underline{y = -x}}$ $\qquad\qquad$ $UF_2: \underline{\underline{y = x}}$

$\qquad D_1(\hat{f}) = \{x \mid 0 \leqq x < \infty\}$ $\qquad D_2(\hat{f}) = \{x \mid 0 < x < \infty\}$

$\qquad W_1(\hat{f}) = \{y \mid -\infty < y \leqq 0\}$ $\qquad W_2(\hat{f}) = \{y \mid 0 < y < \infty\}$

————————▶ 124 C

---

128 C

Definition: Eine **ganze rationale Funktion** oder ein Polynom wird durch eine Gleichung der Form $y = a_0 + a_1x + a_2x^2 + \ldots + a_nx^n, a_n \neq 0$, beschrieben, wobei n eine natürliche Zahl ist ($n = 0, 1, 2, \ldots$).

n heißt **Grad** der Funktion. Die Koeffizienten a_i mit $i = 0, 1, 2, \ldots, n$ sind reelle Zahlen. Der Definitionsbereich ist $D(f) = \{x \mid -\infty < x < \infty\}$.

War Ihre Antwort sinngemäß richtig? Ja, ————————▶ 130 C
Nein, dann wiederholen Sie die entsprechenden **Kapitel** im Oberschullehrbuch Klasse 11.

Danach ————————▶ 130 C

129 A

Ergebnisse:
1. a)

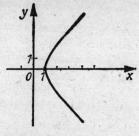

b) $y_1 = +\sqrt{x^2 - 1}$
   $y_2 = -\sqrt{x^2 - 1}$

c) $D(f_1) = \{x \mid 1 \leqq x < \infty\}$
   $W(f_1) = \{y \mid 0 \leqq y < \infty\}$
   $D(f_2) = \{x \mid 1 < x < \infty\}$
   $W(f_2) = \{y \mid -\infty < y < 0\}$

2. a) $D(f) = \{x \mid -\infty < x < 0 \text{ und } 0 < x < \infty\}$
   $W(f) = \{y \mid -\infty < y < 0 \text{ und } 0 < y < \infty\}$

   b) $M_1 = \{x \mid -\infty < x < 0\}$ $f(x)$ streng monoton fallend
   $M_2 = \{x \mid 0 < x < \infty\}$ $f(x)$ streng monoton fallend

3. a)

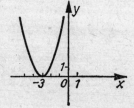

b) $M_1 = \{x \mid -3 < x < 0\}$
   $f(x)$ streng monoton steigend
   $M_2 = \{x \mid -6 < x \leqq -3\}$
   $f(x)$ streng monoton fallend

c) $y_1 = -3 + \sqrt{x}$ $D(f_1) = \{x \mid 0 < x < 9\}$
   $W(f_1) = \{y \mid -3 < y < 0\}$
   $y_2 = -3 - \sqrt{x}$ $D(f_2) = \{x \mid 0 \leqq x < 9\}$
   $W(f_2) = \{y \mid -6 < y \leqq -3\}$ ———————→ 130 A

129 B

Irrtum! Überzeugen Sie sich davon, indem Sie den Graphen der Funktion $y = a_0$ zeichnen und ihn an der Geraden $y = x$ spiegeln. Es entsteht die Gerade $x = a_0$.
Zu diesem x-Wert gehören *unendlich viele* y-Werte,
also liegt *keine* Funktion vor! ———————→ 130 E

129 C

Ihre Antwort war richtig. ———————→ 130 E

6.   Rationale Funktionen

130 A

Als wichtigste Klasse der elementaren Funktionen werden in diesem Abschnitt die ganzen rationalen Funktionen behandelt. Ferner werden die gebrochenen rationalen Funktionen als Quotienten gebildet. Sie sollen in die Lage versetzt werden,

— Nullstellen ganzer rationaler Funktionen zu bestimmen,
— die Gleichung der ganzen rationalen Funktion in Linearfaktoren zu zerlegen,
— Graphen ganzer rationaler Funktionen verschiedener Ordnungen zu zeichnen,
— einfache Transformationen (Verschiebung, Streckung) auszuführen

und für gebrochene rationale Funktionen Nullstellen, Pole und Asymptoten zu berechnen und mit deren Hilfe den Graphen zu skizzieren. ——————▶ 130 B

130 B

Die **ganzen rationalen** Funktionen mit **reellen** Koeffizienten, auch **Polynome** genannt, sind der einfachste Typ.
Versuchen Sie, die Definition dieser Funktionen sowie ihren Definitionsbereich $D(f)$ anzugeben! ——————▶ 128 C

130 C

Welches ist die einfachste ganze rationale Funktion, und wie heißt sie?
Geben Sie den Wertevorrat dieser Funktion an! ——————▶ 133 A

130 D

Wieviel Wertepaare $(x; y)$ aus der Lösungsmenge L der linearen Funktion
$y = a_0 + a_1 x$ müssen Ihnen gegeben sein, damit Sie die Gleichung der Funktion, die diese Wertepaare enthält, aufstellen können?

Antwort: A) 1 Wertepaar   C) 3 Wertepaare
           B) 2 Wertepaare   D) eine andere Anzahl
Welche Antwort ist richtig? ——————▶ 132 A

130 E

Schreiben Sie die allgemeine Gleichung einer ganzen rationalen Funktion 1. Grades auf. Geben Sie $D(f)$ und $W(f)$ an.
Bestimmen Sie die Umkehrfunktion mit $D(\bar{f})$ und $W(\bar{f})$. ——————▶ 133 B

131 A

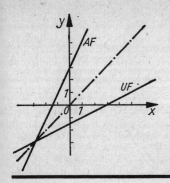

Die Graphen sind Geraden *(gerade Linien)*, deshalb heißt die ganze rationale Funktion 1. Grades $y = a_0 + a_1x$ auch *lineare Funktion*. Aus der Zeichnung werden die in den LS 133 B bzw. 133 C angegebenen Bereiche $D(f)$ und $D(\hat{f})$ sowie $W(f)$ und $W(\hat{f})$ sofort offensichtlich. $\longrightarrow$ 130 D

131 B

a) Normalform: $y = a_1x + a_0$

$a_1 = \tan \varphi$ Anstieg der Geraden, φ Richtungswinkel der Geraden gegen die positive Richtung der x-Achse, a_0 Abschnitt auf der y-Achse

b) Achsenabschnittsform: $\dfrac{x}{a} + \dfrac{y}{b} = 1$

a Abschnitt auf der x-Achse, b Abschnitt auf der y-Achse

c) Zwei-Punkte-Gleichung:

$$(y - y_1)(x_2 - x_1) - (x - x_1)(y_2 - y_1) = 0$$

Man merkt sie sich leichter in der folgenden Form:

$\dfrac{y - y_1}{x - x_1} = \dfrac{y_2 - y_1}{x_2 - x_1}$ $\qquad$ $(x_1; y_1)$ Punkt P_1 und
$\qquad\qquad\qquad\qquad\quad$ $(x_2; y_2)$ Punkt P_2 der Geraden

d) Punkt-Richtungs-Gleichung: $y - y_1 = a_1(x - x_1)$

$a_1 = \tan \varphi$ Anstieg der Geraden,

φ Richtungswinkel der Geraden gegen die positive Richtung der x-Achse, $(x_1; y_1)$ Punkt P_1 der Geraden.

Haben Sie alle 4 Formen der Geradengleichung gefunden?
Ja $\longrightarrow$ 131 C
Wenn Sie nicht alle 4 Formen wußten, dann studieren Sie im Oberschullehrbuch Klasse 11 die entsprechenden Kapitel und die zugehörige Formelsammlung, dann gehen Sie weiter $\longrightarrow$ 131 C

131 C

Eine Gerade schneidet die x-Achse im Punkt $(-5; 0)$, die y-Achse im Punkt $(0; 3)$. Schreiben Sie deren Achsenabschnittsgleichung und Normalform auf.

$\longrightarrow$ 134 B

132 A

Antwort: B), 2 Wertepaare sind notwendig.
Haben Sie eine andere Antwort gegeben?

Nein   ⟶ 132 B
Ja   ⟶ 132 C

132 B

Aus der analytischen Geometrie müßten Ihnen 4 Formen der Geradengleichung bekannt sein:
Normalform, Achsenabschnittsgleichung, Zwei-Punkte-Gleichung, Punkt-Richtungs-Gleichung.
Schreiben Sie die 4 Formen auf, und geben Sie die geometrische Bedeutung der darin vorkommenden Konstanten an! ⟶ 131 B

132 C

Die allgemeine Gleichung der linearen Funktion heißt
$y = a_0 + a_1 x$.

Um die 2 unbekannten Koeffizienten a_0 und a_1 zu berechnen, braucht man 2 Wertepaare $(x_1; y_1)$ und $(x_2; y_2)$.
Man erhält dann ein Gleichungssystem mit zwei Gleichungen in a_0 und a_1.
Wir stellen Ihnen dazu eine Aufgabe:
Berechnen Sie für die Wertepaare $(2; -3)$ und $(-5; 4)$
die Koeffizienten a_0 und a_1,
und geben Sie die lineare Funktion an! ⟶ 134 A

132 D

Folgende Rechnung liefert das Ergebnis:

$y = a_0 + a_1 x$ (allgemeine lineare Gleichung)

$(2; -3)$ $-3 = a_0 + 2a_1$ $+$

$(-5; 4)$ $4 = a_0 - 5a_1$ $-$

         $-7 = 7a_1$ $a_0 = -3 - 2a_1$

         $-1 = a_1$ $a_0 = -3 + 2$

                       $a_0 = -1$

Setzt man die errechneten Koeffizienten in die allgemeine lineare Gleichung ein, so erhält man

$y = -1 - x$ oder $x + y + 1 = 0$ ⟶ 132 B

133 A

Antwort: $y = a_0$ $(n = 0)$. Sie heißt *konstante* Funktion.

Ihr Wertevorrat ist $W(f) = \{y \mid y = a_0\}$.

Frage: Existiert eine Umkehrfunktion zur konstanten Funktion?

a) Ja ————————————————→ 129 B

b) Nein ————————————————→ 129 C

133 B

$y = a_0 + a_1 x$; $a_1 \neq 0$;

$D(f) = \{x \mid -\infty < x < \infty\}$ $\qquad$ $W(f) = \{y \mid -\infty < y < \infty\}$

Umkehrfunktion: $y = \dfrac{1}{a_1} x - \dfrac{a_0}{a_1}$;

$D(\mathring{f}) = \{x \mid -\infty < x < \infty\}$ $\qquad$ $W(\mathring{f}) = \{y \mid -\infty < y < \infty\}$

Wenn Sie das gleiche Ergebnis haben, dann gehen Sie weiter. ————→ 133 D

Ist Ihre Ausgangsfunktion falsch, dann zurück ————————→ 128 C

Haben Sie die Umkehrfunktion falsch bestimmt, dann ————————→ 133 C

133 C

Bestimmung der Umkehrfunktion: (vgl. LS 122 D)

1. Weil der Graph eine gerade Linie ist, ist die Funktion auf dem gesamten Definitionsbereich wegen $a_1 \neq 0$ entweder streng monoton wachsend oder streng monoton fallend.
   Eine Zerlegung in Monotonieintervalle entfällt damit.

2. $a_1 x = y - a_0$

   $x = \dfrac{1}{a_1} y - \dfrac{a_0}{a_1}$
   $\downarrow$

3. $y = \dfrac{1}{a_1} x - \dfrac{a_0}{a_1}$ Umkehrfunktion

$D(\mathring{f}) = \{x \mid -\infty < x < \infty\}$ $\qquad$ $W(\mathring{f}) = \{y \mid -\infty < y < \infty\}$ ————→ 133 D

133 D

Zeichnen Sie für $a_1 = 2$ und $a_0 = 3$ den Graphen der Funktion $y = a_0 + a_1 x$ und den Graphen der Umkehrfunktion.
Überzeugen Sie sich anhand dieser Graphen, daß die in LS 133 B angegebenen Definitionsbereiche $D(f)$ und $D(\mathring{f})$
sowie die Wertevorräte $W(f)$ und $W(\mathring{f})$ richtig sind. ————————→ 131 A

134 A

$a_0 = -1$, $a_1 = -1$, die lineare Funktion ist $y = -x - 1$
oder implizit: $x + y + 1 = 0$.

Haben Sie das richtige Ergebnis gefunden? Ja $\longrightarrow$ 132 B

Nein $\longrightarrow$ 132 D

134 B

Die Achsenabschnittsgleichung heißt $\dfrac{x}{-5} + \dfrac{y}{3} = 1$.

Die Normalform lautet: $y = \dfrac{3}{5}x + 3$.

Hatten Sie Schwierigkeiten beim Aufstellen der Gleichungen?
Nein $\longrightarrow$ 135 A
Ja $\longrightarrow$ 134 C

134 C

Aus $(-5; 0)$ ergibt sich $a = -5$ und aus $(0; 3)$ $b = 3$.

Daraus folgt wegen $\dfrac{x}{a} + \dfrac{y}{b} = 1$ die Achsenabschnittsgleichung $\dfrac{x}{-5} + \dfrac{y}{3} = 1$.

Die Auflösung dieser Gleichung nach y liefert: $y = \dfrac{3}{5}x + 3$

$\left(\text{Normalform, Anstieg der Geraden } \dfrac{3}{5}\right)$. $\longrightarrow$ 135 A

134 D

Beachten Sie, daß die Nullstelle einer linearen Funktion zugleich den Achsenabschnitt a der zugehörigen Geraden auf der x-Achse liefert, also $a = x_0$.
Der Schnittpunkt $(0; y_0)$ der Geraden mit der y-Achse liefert zugleich den Abschnitt b, den die Gerade auf der y-Achse abschneidet, $y_0 = b$. Folglich heißt die Achsenabschnittsgleichung

$$\frac{x}{a} + \frac{y}{b} = 1 \quad \text{bzw.} \quad \frac{x}{x_0} + \frac{y}{y_0} = 1 \quad \text{bzw.} \quad \frac{x}{-\frac{a_0}{a_1}} + \frac{y}{a_0} = 1 \qquad \longrightarrow \text{134 E}$$

134 E

Gegeben sind: a) $4x - 3y + 6 = 0$ $\qquad$ b) $y = \dfrac{1}{2}x + 5$

Stellen Sie die Achsenabschnittsgleichung auf. $\longrightarrow$ 137 B

134 F

Umformung: $y = a_1\left(x + \dfrac{a_0}{a_1}\right)$, $\quad$ Nullstelle: $x_0 = -\dfrac{a_0}{a_1}$

War Ihr Ergebnis richtig? $\longrightarrow$ 138 B
War Ihr Ergebnis falsch? $\longrightarrow$ 136 D

135 A

Formen Sie die Geradengleichung $5x - 4y - 8 = 0$
in die Achsenabschnittsgleichung um.
Lesen Sie daraus die Achsenabschnitte ab, und zeichnen Sie den Graphen!

───────────→ 136 A

135 B

Die Graphen sind:

a)

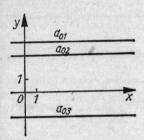

$y = a_{0i}$ Geradenschar
parallel zur x-Achse

b)

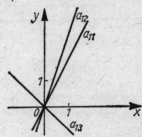

$y = a_{1i}x$ Geradenbüschel
durch $(0; 0)$

c)

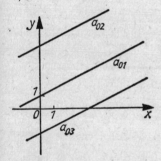

$y = a_{0i} + a_1x$
Schar paralleler Geraden
mit dem Anstieg a_1

d)

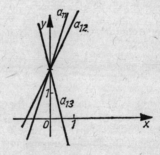

$y = a_0 + a_{1i}x$
Geradenbüschel durch $(0; a_0)$

Wenn Sie Geradenscharen und -büschel mit den angegebenen Eigenschaften gezeichnet
haben, dann ─────────────→ 135 C
Andernfalls geben wir Ihnen noch einige Beispiele. ─────────→ 138 A

135 C

Bestimmen Sie die Nullstelle der allgemeinen linearen Funktion $y = a_0 + a_1x$,
ferner den Schnittpunkt der zugehörigen Geraden mit der y-Achse, und schreiben Sie
mit diesen beiden Werten die Achsenabschnittsgleichung auf. ───────────→ 137 A

136 A

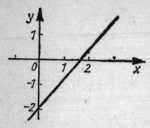

$$\frac{x}{8} + \frac{y}{-2} = 1.$$
$$\overline{5}$$

Die Achsenabschnitte sind

$$a = \frac{8}{5}, \quad b = -2.$$

Falls Sie das Ergebnis gefunden hatten, dann

⟶ 136 C

Wenn nicht, dann ⟶ 136 B

---

136 B

Beachten Sie, daß auf der rechten Seite der Achsenabschnittsgleichung eine Eins stehen muß.

Formen Sie die gegebene Gleichung so um, daß zunächst auf der rechten Seite eine Konstante steht, also $5x - 4y = 8$.

Dividieren Sie beide Seiten der Gleichung durch diese Konstante, dann erhalten Sie:

$$\frac{5}{8}x - \frac{1}{2}y = 1.$$

Schreiben Sie unter Beachtung der Vorzeichen für $\dfrac{5}{8} = \dfrac{1}{\frac{8}{5}}$

und für $-\dfrac{1}{2} = +\dfrac{1}{-2}$, so erhalten Sie

die gesuchte Achsenabschnittsgleichung $\dfrac{x}{8} + \dfrac{y}{-2} = 1.$ ⟶ 136 C
   $\overline{5}$

---

136 C

a) Gegeben ist $y = a_0$. Zeichnen Sie die Graphen, falls a_0 verschiedene reelle Werte annimmt. (Nennen Sie diese a_{01}, a_{02}, a_{03}!)

b) Gegeben ist $y = a_1 x$. Zeichnen Sie die Graphen, falls a_1 verschiedene reelle Werte annimmt. (Nennen Sie diese a_{11}, a_{12}, a_{13}!)

c) Gegeben ist $y = a_0 + a_1 x$. Zeichnen Sie die Graphen, falls $a_1 = $ const., a_0 dagegen verschiedene reelle Werte annimmt (a_{01}, a_{02}, a_{03}).

d) Gegeben ist $y = a_0 + a_1 x$. Zeichnen Sie die Graphen, falls $a_0 = $ const., a_1 dagegen verschiedene reelle Werte annimmt (a_{11}, a_{12}, a_{13}). ⟶ 135 B

---

136 D

Der richtige Lösungsweg lautet: $y = a_1\left(x + \dfrac{a_0}{a_1}\right)$;

$0 = a_1\left(x_0 + \dfrac{a_0}{a_1}\right)$, woraus wegen $a_1 \neq 0$

$x_0 = -\dfrac{a_0}{a_1}$ folgt. ⟶ 138 B

137 A

Nullstelle: $x_0 = -\dfrac{a_0}{a_1}$, Schnittpunkt mit der y-Achse: $y_0 = a_0$.

Achsenabschnittsgleichung: $\dfrac{x}{-\dfrac{a_0}{a_1}} + \dfrac{y}{a_0} = 1$.

War Ihr Ergebnis richtig? Ja ——————————→ 134 E
Nein ——————————→ 134 D

137 B

a) $\dfrac{x}{-\dfrac{3}{2}} + \dfrac{y}{2} = 1$, b) $\dfrac{x}{-10} + \dfrac{y}{5} = 1$,

Wenn Ihr Ergebnis richtig ist, gehen Sie weiter ——————————→ 137 D
Haben Sie Fehler gemacht?
Dann vergleichen Sie Ihren Lösungsweg mit ——————————→ 137 C

137 C

a) $4x - 3y + 6 = 0$ b) $y = \dfrac{1}{2}x + 5$

$y = 0$; $x_0 = -\dfrac{3}{2}$ $y = 0$; $x_0 = -10$

$x = 0$; $y_0 = 2$ $x = 0$; $y_0 = 5$

also: $\dfrac{x}{x_0} + \dfrac{y}{y_0} = 1$ also: $\dfrac{x}{x_0} + \dfrac{y}{y_0} = 1$

$\dfrac{x}{-\dfrac{3}{2}} + \dfrac{y}{2} = 1$ $\dfrac{x}{-10} + \dfrac{y}{5} = 1$ ——————————→ 137 D

137 D

Formen Sie die rechte Seite der linearen Gleichung $y = a_1 x + a_0$ $(a_1 \neq 0)$

durch Ausklammern von a_1 in ein Produkt um.
Bestimmen Sie anschließend die Nullstelle x_0. ——————————→ 134 F

137 E

$y = a_1(x - x_0) = 4\left(x + \dfrac{2}{3}\right) = 4x + \dfrac{8}{3}$

Betrachten Sie noch ein Beispiel:
Gegeben sei $y = -2x + 5$. Bestimmen Sie zuerst den Linearfaktor und daraus die
Nullstelle der Funktion. ——————————→ 138 C

138 A

Überzeugen Sie sich zunächst, daß die folgenden Gleichungsgruppen (a bis d) genau den Aufgaben des LS 136 C entsprechen.
Wir geben Ihnen für a_0 und a_1 konkrete Zahlen vor.

a) $y = 4$, $y = 3$, $y = -2$ $(a_1 = 0)$

b) $y = 2x$, $y = 3x$, $y = -x$ $(a_0 = 0)$

c) $y = \frac{1}{2}x + 1$, $\quad y = \frac{1}{2}x + 5$, $\quad y = \frac{1}{2}x - 2$

d) $y = 3x + 2$, $y = 2x + 2$, $y = -4x + 2$.

Zeichnen Sie die Graphen (a bis d) in jeweils ein Koordinatensystem ein.
Sie müßten die gleichen Graphen wie in LS 135 B erhalten.

— 135 B ———→ 135 C

138 B

Merke: Die Differenz aus der Variablen x und einer Nullstelle x_0, also $(x - x_0)$, heißt **Linearfaktor**.
Die Multiplikation *eines* Linearfaktors mit einer Konstanten a_1 ergibt die rechte Seite der Gleichung einer expliziten linearen Funktion:
$(x - x_0)\, a_1 = a_1 x - a_1 x_0 = a_1 x + a_0$, wobei $a_0 = -a_1 x_0$ gesetzt ist.
Die Funktion hat dann die Form

$y = a_1 x + a_0$.

Lösen Sie jetzt die folgende Aufgabe:

Wie heißt die lineare Funktion, deren Nullstelle $x_0 = -\dfrac{2}{3}$

und deren Konstante $a_1 = 4$ ist? ———————→ 137 E

138 C

Der Linearfaktor ist $\left(x - \dfrac{5}{2}\right)$; die Nullstelle $x_0 = \dfrac{5}{2}$.

Wenn Ihr Ergebnis nicht richtig ist, dann ———————→ 139 A
Wenn Ihr Ergebnis richtig ist ———————→ 138 D

138 D

a) Wie lautet die allgemeine Gleichung der ganzen rationalen Funktion 2. Grades (wir sagen dafür auch „quadratische Funktion" oder, weil ihr Graph eine Parabel ist, auch kurz „Parabel")?
b) Wieviel Wertepaare $(x; y)$ müssen gegeben sein, um ihre Koeffizienten zu bestimmen? ———————→ 140 A

139 A

Der Lösungsweg lautet: $y = -2x + 5 = -2\left(x - \frac{5}{2}\right)$; der Linearfaktor ist $\left(x - \frac{5}{2}\right)$; $0 = -2\left(x_0 - \frac{5}{2}\right)$, folglich ist $x_0 = \frac{5}{2}$ Nullstelle. ───────► 138 D

139 B

Gegeben sind die Wertepaare $(0;3)$, $(2;1)$, $(5;7)$.
Berechnen Sie die Koeffizienten der Parabel $y = a_0 + a_1x + a_2x^2$.
Wenn Sie zum Lösen der Aufgabe eine Hilfe brauchen ────────► 139 C
sonst ────────► 139 D

139 C

Durch Einsetzen in $y = a_0 + a_1x + a_2x^2$ erhält man für

$(0;3)$: $a_0 \qquad\qquad = 3$
$(2;1)$: $a_0 + 2a_1 + 4a_2 = 1$
$(5;7)$: $a_0 + 5a_1 + 25a_2 = 7$

Die Lösung des linearen Gleichungssystems ist:

$$a_0 = 3, \quad a_1 = -\frac{11}{5}, \quad a_2 = \frac{3}{5},$$

also $\quad y = 3 - \frac{11}{5}x + \frac{3}{5}x^2$ ────────► 139 E

139 D

Die Koeffizienten sind: $a_0 = 3$, $\quad a_1 = -\frac{11}{5}$, $\quad a_2 = \frac{3}{5}$

Die Parabelgleichung lautet: $y = 3 - \frac{11}{5}x + \frac{3}{5}x^2$ ────────► 139 E

139 E

Wie liegen die Graphen der Funktion $y = a_2x^2$ $(a_2 \neq 1)$ hinsichtlich des Graphen von $y = x^2$ (Normalparabel)?
Unterscheiden Sie die Fälle

a) $1 < a_2 < \infty$
b) $0 < a_2 < 1$
c) $a_2 < 0$ ────────► 140 B

139 F

Gegeben ist jetzt $\bar{y} = \bar{a}_2\bar{x}^2$.
Führen Sie folgende Translation aus: $\bar{x} = x + m$
$$\bar{y} = y + n.$$

Ordnen Sie die entstehende Funktionsgleichung nach steigenden Potenzen von x, und bestimmen Sie die Koeffizienten a_0, a_1, a_2. ────────► 141 B

140 A

a) $y = a_0 + a_1 x + a_2 x^2$
b) 3 Wertepaare $(x; y)$ müssen gegeben sein, damit man die 3 Koeffizienten a_0, a_1, a_2 bestimmen kann.

War Ihre Antwort zu a) falsch, dann — 128 C ——► 138 D
War b) falsch, dann wiederholen Sie LS 132 C, danach ——► 139 B
War Ihre Antwort richtig, dann ——► 139 E

140 B

a) Für $1 < a_2 < \infty$ liegen die Graphen innerhalb von $y = x^2$
(Streckung in y-Richtung).
Die Graphen liegen in der oberen Halbebene $y \geqq 0$.
b) Für $0 < a_2 < 1$ liegen die Graphen außerhalb von $y = x^2$
(Stauchung in y-Richtung).
Die Graphen liegen in der oberen Halbebene $y \geqq 0$.
c) Für $a_0 < 0$ liegen die Graphen in der unteren Halbebene $y \leqq 0$.

Haben Sie die Fragen ebenso beantwortet ——► 140 D
Wenn das nicht der Fall ist
oder Sie sich nicht sicher fühlen ——► 140 C

140 C

Zeichnen Sie in einer Figur die Graphen für $y = a_2 x^2$ mit $a_2 = 1$, $a_2 = 2$,
$a_3 = \dfrac{1}{4}$, $a_2 = -\dfrac{1}{3}$ ——► 142 A

140 D

Bearbeiten Sie der Reihe nach folgende Aufgabenschritte:

a) Zeichnen Sie den Graphen von $y = x^2 + 2$.
b) Legen Sie auf der Parabel (am zweckmäßigsten im 1. Quadranten)
einen Punkt $P_0(x_0; y_0)$ fest.
Führen Sie anschließend eine Verschiebung des Koordinatensystems so aus, daß sein Ursprung O mit dem Scheitel der Parabel zusammenfällt.
Nennen Sie den neuen Ursprung $\overline{O}$ und die neuen Achsen $\bar{x}$ und $\bar{y}$. Wir nennen das eine **Koordinatentransformation**, und zwar eine **Translation** oder **Verschiebung**.
c) Geben Sie die geltenden Beziehungen zwischen x_0 und $\bar{x}_0$ bzw. zwischen y_0 und $\bar{y}_0$ (Translation) an.
d) Geben Sie die Gleichung der Parabel im neuen System $(\bar{x}; \bar{y})$ an.
——► 142 B

141 A

Die Translation lautet $y_0 = \bar{y}_0 + a_0$, $x_0 = \bar{x}_0$.
Im System $(\bar{x};\bar{y})$ ist die Parabelgleichung $\bar{y} = \bar{x}^2$. —————————→ 139 F

141 B

$y = a_0 + a_1 x + a_2 x^2$,

wobei $a_0 = \bar{a}_2 m^2 - n$,

$a_1 = 2\bar{a}_2 m$,

$a_2 = \bar{a}_2$.

Das Ergebnis ist eine allgemeine Funktion 2. Grades in $(x;y)$.
Hatten Sie das Ergebnis erhalten?
Ja —————————→ 143 A
Nein —————————→ 141 C

141 C

Die Translation lautet: $\bar{x} = x + m$
$\bar{y} = y + n$.

Wir setzen sie in die gegebene Gleichung $\bar{y} = \bar{a}_2 \bar{x}^2$ ein:

$y + n = \bar{a}_2(x + m)^2$ oder

$\quad y = \bar{a}_2 x^2 + 2\bar{a}_2 m\, x + \bar{a}_2 m^2 - n$.

Ordnen wir nach steigenden Potenzen von x, so wird

$y = (\bar{a}_2 m^2 - n) + 2\bar{a}_2 m x + \bar{a}_2 x^2$.

Schreiben wir jetzt $\bar{a}_2 m^2 - n = a_0$
$2\bar{a}_2 m = a_1$
$\bar{a}_2 = a_2$,

so entsteht $y = a_0 + a_1 x + a_2 x^2$, also die allgemeine Gleichung der ganzen rationalen
Funktion 2. Grades im $x;y$-System. —————————→ 143 A

141 D

Ihr Ergebnis ist falsch!
Sie haben vergessen,
die quadratischen Ergänzung auf *beiden* Seiten zu addieren. —————————→ 143 B

141 E

Ihr Ergebnis ist falsch!
Sie haben auf der *linken* Seite vergessen,
die quadratische Ergänzung mit 4 zu multiplizieren. —————————→ 143 D

142 A

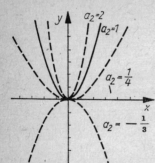

Wenn Ihre Graphen mit den nebenstehenden nicht übereinstimmen, dann überprüfen Sie Ihre Rechnung und Ihre Zeichnungen nochmals, und gehen Sie weiter

——————————▶ 140 D

142 B

Ergebnis:

a)

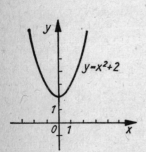

b)

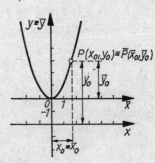

c) Translation: $x_0 = \bar{x}_0$, $y_0 = \bar{y}_0 + 2$

d) $\bar{y} + 2 = \bar{x}^2 + 2$, also $\bar{y} = \bar{x}^2$

Lösen Sie jetzt folgende Aufgabe: Wie lauten die entsprechende Translation für $y = x^2 + a_0$ und die Gleichung der Parabel im neuen System $(\bar{x}; \bar{y})$?

——————————▶ 141 A

142 C

Ihr Ergebnis ist falsch!
Sie müssen zunächst den Faktor 4 ausklammern, den Faktor $(x^2 - 2x)$ zu einem vollständigen Quadrat ergänzen: $x^2 - 2x + 1 = (x - 1)^2$.
Damit die Gleichung richtig bleibt, muß auf der linken Seite $4 \cdot 1$ addiert werden.

——————————▶ 143 D

142 D

Ihr Ergebnis ist falsch!

——————————▶ 143 B

143 A

Sie haben sicherlich erkannt: Wendet man auf die Funktion $\bar{y} = \bar{a}_2\bar{x}^2$ eine Translation an, so entsteht daraus (von speziellen Fällen abgesehen)
die allgemeine quadratische Funktion in $(x; y)$.
Folglich muß sich umgekehrt die allgemeine quadratische Funktion
$y = a_0 + a_1x + a_2x^2$ in die Funktion $\bar{y} = \bar{a}_2\bar{x}^2$ umwandeln lassen.
Dazu ist das Verfahren der **quadratischen Ergänzung** zu benutzen.
Man addiert auf beiden Seiten der Gleichung eine solche *Konstante*, daß die rechte Seite zu einem vollständigen Quadrat wird.
Führen Sie das Verfahren am Beispiel $y = 4x^2 - 8x$ durch. ————————▶ 144 A

143 B

Bevor Sie weiterarbeiten, prägen Sie sich folgende Merkregel ein
(Beispiel: $y = 5x^2 - 30x + 2$):

1. Konstantes Glied (2) auf beiden Seiten subtrahieren:

   $y - 2 = 5x^2 - 30x$

2. Koeffizient von x^2 (5) ausklammern: $y - 2 = 5(x^2 - 6x)$

3. Klammer zum vollständigen Quadrat ergänzen:

   $x^2 - 6x + 9 = (x - 3)^2$

4. Welche Konstante wurde im Binom ergänzt? 9

5. Welche Konstante ist insgesamt zu ergänzen? $5 \cdot 9 = 45$

6. Die ergänzte Gleichung heißt: $y - 2 + 45 = 5(x - 3)^2$

7. Zusammenfassung liefert: $y + 43 = 5(x - 3)^2$

8. Mit der Translation $y + 43 = \bar{y}$ und $x - 3 = \bar{x}$
   heißt die Gleichung: $\bar{y} = 5\bar{x}^2$

9. Probe: $y + 43 = 5x^2 - 30x + 45$ bzw. $y = 5x^2 - 30x + 2$

Führen Sie das Verfahren am Beispiel $y = x^2 + \frac{1}{2}x$ durch. ————————▶ 145 A

143 C

Ihr Ergebnis ist richtig. ————————▶ 145 D

143 D

Führen Sie das Verfahren der quadratischen Ergänzung nun am Beispiel
$y = 3x^2 - 9x$ aus. ————————▶ 145 B

144 A

Welches Ergebnis haben Sie gefunden?

A) $y = 4(x-1)^2$ ──────────► 141 D

B) $y + 1 = 4(x-1)^2$ ──────────► 141 E

C) $y + 4 = 4(x-1)^2$ ──────────► 143 C

D) $y + 16 = (2x-4)^2$ ──────────► 142 C

E) eine andere Funktion   ──────────► 142 D

144 B

Wir zeigen Ihnen das Vorgehen am Beispiel 2 von LS 145 D, die anderen Lösungswege werden Sie dann selber finden.

2. $y = \frac{1}{2} x^2 + 2x + 3$ geht durch quadratische Ergänzung über in $y - 1 = \frac{1}{2}(x + 2)^2$.

Setzt man $\bar{x} = x + 2$ und $\bar{y} = y - 1$,

so hat man sofort die gesuchte Translation, die Parabelgleichung lautet dann im $\bar{x}; \bar{y}$-System $\bar{y} = \frac{1}{2} \bar{x}^2$.

Ihre Scheitelkoordinaten sind im $\bar{x}; \bar{y}$-Sytem: $\bar{x}_S = 0$; $\bar{y}_S = 0$,

folglich im $x; y$-System $x_S = -2$; $y_S = +1$.   ──────────► 144 C

144 C

Zeichnen Sie jetzt die Graphen der 4 Parabeln von LS 145 D, indem Sie die Scheitelpunkte benutzen, die Sie in LS 145 E gefunden haben.
Die 4 Gleichungen sind:

1. $y = x^2 - 5x + 3$ 2. $y = \frac{1}{2} x^2 + 2x + 3$

3. $y = -\frac{3}{4} x^2 + 3x$ 4. $y = 2x^2 + 12x + 16$

Berechnen Sie zur Erhöhung der Zeichengenauigkeit noch die Schnittpunkte der Parabeln mit der y-Achse (in den Ausgangsgleichungen wird $x = 0$ gesetzt) und die Nullstellen ($y = 0$).   ──────────► 147 C

144 D

a) Schreiben Sie die Gleichung der quadratischen Funktion unter Beachtung der Bedingung a) in LS 146 A auf, und setzen Sie $x = 0$.
b) Schreiben Sie die Gleichung mit $a_1 = 0$ auf, subtrahieren Sie auf beiden Seiten a_0, setzen Sie $x = 0$.
c) Schreiben Sie die Gleichung auf, setzen Sie $x = 0$.   ──────────► 146 B

145 A

Haben Sie als Ergebnis $y + \frac{1}{16} = \left(x + \frac{1}{4}\right)^2$ erhalten?

Ja $\longrightarrow$ 145 D

Nein. Wiederholen Sie die Schritte 1, 3, 4, 6 des LS 143 B. Danach

$\longrightarrow$ 143 D

145 B

Haben Sie als Ergebnis $y + \frac{27}{4} = 3\left(x - \frac{3}{2}\right)^2$ erhalten? Ja $\longrightarrow$ 145 D
Nein $\longrightarrow$ 145 C

145 C

Hinweis: $y = 3(x^2 - 3x)$

$y + 3\left(\frac{3}{2}\right)^2 = 3(x^2 - 3x) + 3\left(\frac{3}{2}\right)^2 \qquad y + \frac{27}{4} = 3\left(x - \frac{3}{2}\right)^2$ $\longrightarrow$ 145 D

145 D

Ergänzen Sie die 4 folgenden Funktionen so, daß auf der rechten Seite ein vollständiges Quadrat steht:

1. $y = x^2 - 5x + 3$ 2. $y = \frac{1}{2} x^2 + 2x + 3$

3. $y = -\frac{3}{4} x^2 + 3x$ 4. $y = 2x^2 + 12x + 16$ $\longrightarrow$ 147 A

145 E

a) 1. $\bar{x} = x - \frac{5}{2}$ 2. $\bar{x} = x + 2$ 3. $\bar{x} = x - 2$ 4. $\bar{x} = x + 3$

$\bar{y} = y + \frac{13}{4}$ $\bar{y} = y - 1$ $\bar{y} = y - 3$ $\bar{y} = y + 2$

b) 1. $x_S = \frac{5}{2}$ 2. $x_S = -2$ 3. $x_S = 2$ 4. $x_S = -3$

$y_S = \frac{-13}{4}$ $y_S = 1$ $y_S = 3$ $y_S = -2$

Stimmen Ihre Ergebnisse damit nicht überein, $\longrightarrow$ 144 B

sonst $\longrightarrow$ 144 C

145 F

Antworten:

a) Alle Graphen gehen durch den Koordinatenursprung.

b) Alle Graphen gehen durch $P(0; a_0)$, der Scheitelpunkt aller Parabeln ist.

c) Alle Graphen gehen durch den Ursprung, er ist zugleich Scheitelpunkt.

Stimmen Ihre Antworten mit diesen überein?

Nein $\longrightarrow$ 144 D

Ja $\longrightarrow$ 146 C

146 A

Die Graphen der Funktion $y = a_0 + a_1 x + a_2 x^2$ stellen, wenn man jeder der Konstanten a_0, a_1, a_2 verschiedene Werte erteilt, Parabelscharen dar.
Stellen Sie für folgende Fälle!

a) $a_0 = 0$; $a_1 \neq 0$, $a_2 \neq 0$
b) $a_1 = 0$; $a_0 \neq 0$, $a_2 \neq 0$, a_0 sei ein *fester* Wert!
c) $a_0 = 0$; $a_1 = 0$, $a_2 \neq 0$

fest, welchen gemeinsamen Punkt jede der Scharen a), b), c) hat.

─────────────► 145 F

146 B

a) $y = a_1 x + a_2 x^2$; $x = 0 \longrightarrow y = 0$.
   Alle Graphen gehen durch den Koordinatenursprung.

b) $y = a_0 + a_2 x^2$; $y - a_0 = a_2 x^2$; $x_S = 0$; $y_S = a_0$.
   Die Scheitel liegen auf der y-Achse.

c) $y = a_2 x^2$; $x_S = 0$; $y_S = 0$.
Der Koordinatenursprung ist der Scheitel aller Graphen. ─────────────► 146 C

146 C

Geben Sie für die 4 Funktionen

1. $y = x^2 - 5x + 3$,   2. $y = \frac{1}{2} x^2 + 2x + 3$,

3. $y = -\frac{3}{4} x^2 + 3x$,   4. $y = 2x^2 + 12x + 16$

den jeweils größtmöglichen Definitionsbereich $D(f)$ und den entsprechenden Wertevorrat $W(f)$ an!
Benutzen Sie dabei die in LS 147 C vorliegenden Graphen. ─────────► 149 A

146 D

Folgende Schritte sind nacheinander auszuführen:
1. Herstellung der Scheitelgleichung durch quadratische Ergänzung.
2. Bestimmung der Monotonieintervalle.
3. Berechnung der Umkehrfunktion für jedes Monotonieintervall.

Führen Sie für die Funktion $y = \frac{1}{2} x^2 + 2x + 5$

diese Schritte durch, und bestimmen Sie die Umkehrfunktion. Geben Sie jeweils $D(f)$ und $W(f)$ an. ─────────────► 149 C

147 A

Ergebnis:

1. $y + \dfrac{13}{4} = \left(x - \dfrac{5}{2}\right)^2$ 2. $y - 1 = \dfrac{1}{2}(x + 2)^2$

3. $y - 3 = -\dfrac{3}{4}(x - 2)^2$ 4. $y + 2 = 2(x + 3)^2$

Hatten Sie alle Aufgaben richtig gelöst? Ja.   ———————→ 147 B
Nein. Dann überprüfen Sie Ihre Rechnung nochmals.
Haben Sie den Fehler gefunden?
Nein   — 143 B ———→ 145 D
Ja   ·————→ 147 B

147 B

a) Wie heißen auf Grund der Ergebnisse in LS 147 A die Translationen der 4 Parabeln, die in LS 145 D zu bearbeiten waren? (Beachte LS 142 B)
b) Geben Sie für jede Parabel des LS 145 D mit Hilfe der Ergebnisse des LS 147 A die Koordinaten der Scheitelpunkte der 4 Parabeln an! ———————→ 145 E

147 C

1.

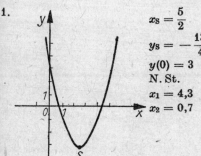

$x_S = \dfrac{5}{2}$

$y_S = -\dfrac{13}{4}$

$y(0) = 3$

N. St.

$x_1 = 4{,}3$

$x_2 = 0{,}7$

2.

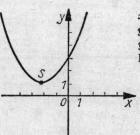

$x_S = -2$

$y_S = 1$

$y(0) = 3$

keine N. St.

3.

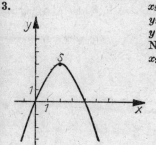

$x_S = 2$

$y_S = 3$

$y(0) = 0$

N.St. $x_1 = 0$

$x_2 = 4$

4.

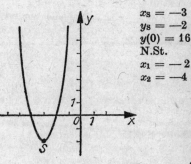

$x_S = -3$

$y_S = -2$

$y(0) = 16$

N.St.

$x_1 = -2$

$x_2 = -4$

———————→ 146 A

148 A

Vergleichen Sie Ihren Lösungsweg mit dem folgenden.

$$y = \frac{1}{2}x^2 + 2x + 5 \qquad y - 5 = \frac{1}{2}(x^2 + 4x)$$

$y - 3 = \frac{1}{2}(x + 2)^2$ Scheitelkoordinaten: $x_S = -2$; $y_S = 3$.

Mit ihrer Hilfe erhält man die beiden Monotonieintervalle:

$M_1 = D(f_1) = \{x \mid -\infty < x \leqq -2\}$ $\qquad$ $M_2 = D(f_2) = \{x \mid -2 < x < \infty\}$

$f_1(x)$ monoton fallend $\qquad\qquad\qquad$ $f_2(x)$ monoton wachsend

$(x + 2)^2 = 2(y - 3)$ $\qquad\qquad\qquad$ $(x + 2)^2 = 2(y - 3)$

$x + 2 = -\sqrt{2(y - 3)}$ $\qquad\qquad\qquad$ $x + 2 = +\sqrt{2(y - 3)}$

$x = -2 - \sqrt{2(y - 3)}$ $\qquad\qquad$ $x = -2 + \sqrt{2(y - 3)}$

$\overline{f_1(x) = y_1 = -2 - \sqrt{2(x - 3)}}$ $\qquad$ $\overline{f_2(x) = y_2 = -2 + \sqrt{2(x - 3)}}$

$D(\bar{f_1}) = \{x \mid 3 \leqq x < \infty\}$ $\qquad\qquad$ $D(\bar{f_2}) = \{x \mid 3 < x < \infty\}$

$W(\bar{f_1}) = \{y \mid -\infty < y \leqq -2\}$ $\qquad\qquad$ $W(\bar{f_2}) = \{y \mid -2 < y < \infty\}$

$\longrightarrow$ 149 D

---

148 B

$$y = 2x^3 - x^2 + \frac{1}{2}x, \quad \text{aus} \quad x = 0 \quad \text{folgt} \quad y = 0.$$

Wenn Sie eine ganze rationale Funktion n-ten Grades mit allgemeinen Koeffizienten $a_n, a_{n-1}, \ldots, a_1$ und $a_0 = 0$ aufschreiben und anschließend $x = 0$ setzen, dann wird in $y = a_n x^n + a_{n-1} x^{n-1} + \ldots + a_1 x$ für $x = 0$ auch $y = 0$.
Folglich gehen die Graphen aller ganzen rationalen Funktionen, deren Absolutglied gleich Null ist, durch den Koordinatenursprung. $\longrightarrow$ 150 C

---

148 C

$$y = (x + 2)(x - 3)(x - 4) = x^3 - 5x^2 - 2x + 24$$

ist eine ganze rationale Funktion 3. Grades.

Die Nullstellen sind $x_1 = -2$; $x_2 = 3$; $x_3 = 4$.
Bestimmen Sie die Nullstellen von
$y = (x - x_1)(x - x_2)(x - x_3)$.
Berechnen Sie dieses Produkt.
Ordnen Sie die Funktion nach fallenden Potenzen von x, und nennen Sie die Koeffizienten a_2; a_1; a_0. $\longrightarrow$ 150 D

149 A

Alle Funktionen haben den gleichen Definitionsbereich:

$D(f) = \{x \mid -\infty < x < \infty\}$

Die Wertevorräte sind:

1. $W(f) = \left\{y \mid -\dfrac{13}{4} \leqq y < \infty\right\}$ 2. $W(f) = \{y \mid 1 \leqq y < \infty\}$

3. $W(f) = \{y \mid -\infty < y \leqq 3\}$ 4. $W(f) = \{y \mid -2 \leqq y < \infty\}$

Sollten Ihnen Fehler unterlaufen sein, so haben Sie die Werte auf den Graphen nicht richtig abgelesen.
Überprüfen Sie Ihre Werte nochmals! Danach —————▶ 149 B

149 B

Gegeben ist die Funktion $y = \dfrac{1}{2} x^2 + 2x + 5$.

Welche Schritte müssen Sie nacheinander ausführen, damit Sie die Umkehrfunktion erhalten? —————▶ 146 D

149 C

Die Umkehrfunktionen sind:

$f_1(x) = y_1 = -2 - \sqrt{2(x-3)}$ $f_2(x) = y_2 = -2 + \sqrt{2(x-3)}$

$D(f_1) = \{x \mid 3 \leqq x < \infty\}$ $D(f_2) = \{x \mid 3 < x < \infty\}$

$W(f_1) = \{y \mid -\infty < y \leqq -2\}$ $W(f_2) = \{y \mid -2 < y < \infty\}$

Ist Ihr Ergebnis richtig? Ja —————▶ 149 D
Nein —————▶ 148 A

149 D

Legen Sie eine Pause ein! Gehen Sie dann weiter. —————▶ 149 E

149 E

Wir wollen jetzt **ganze rationale Funktionen dritten und höheren Grades** betrachten.
Zeichnen Sie den Graphen von $y = x^3$,
geben Sie Definitionsbereich $D(f)$ und Wertevorrat $W(f)$ an, und sagen Sie etwas über die Monotonie der Funktion aus. —————▶ 150 A

149 F

Welche Eigenschaft haben alle ganzen rationalen Funktionen, deren Absolutglied (konstantes Glied) a_0 gleich Null ist? —————▶ 150 B

150 A

$y = x^3$

$D(f) = \{x \mid -\infty < x < \infty\}$

$W(f) = \{y \mid -\infty < y < \infty\}$

Die Funktion ist im gesamten Definitionsbereich $D(f)$ monoton wachsend.

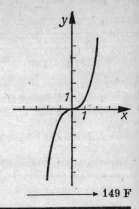

→ 149 F

---

150 B

Alle ganzen rationalen Funktionen, deren Absolutglied a_0 gleich Null ist, haben das Wertepaar $(0;0)$ gemeinsam.
Folglich geht Ihr Graph stets durch den Koordinatenursprung. Wenn Ihre Antwort richtig war, dann → 150 C
Wenn nicht, dann machen Sie sich diese Tatsache am folgenden Beispiel klar.
Beispiel: Schreiben Sie eine ganze rationale Funktion auf, deren Koeffizienten $a_3 = 2$, $a_2 = -1$, $a_1 = \frac{1}{2}$, $a_0 = 0$ sind, und setzen Sie anschließend $x = 0$.
Was ergibt sich? → 148 B

150 C

Von welchem Grad ist die Funktion $y = (x - 3)(x + 2)(x - 4)$?
Welche Nullstellen hat die Funktion? → 148 C

150 D

Die Nullstellen der Funktion sind x_1, x_2, x_3.

$y = x^3 - (x_1 + x_2 + x_3)x^2 + (x_1 x_2 + x_1 x_3 + x_2 x_3) x - x_1 x_2 x_3.$

Dabei sind die Koeffizienten des Polynoms

$a_2 = -(x_1 + x_2 + x_3), a_1 = x_1 x_2 + x_1 x_3 + x_2 x_3, a_0 = -x_1 x_2 x_3.$

Wenn Sie dieses Ergebnis erhalten haben, dann → 151 A
Falls Sie Fehler gemacht haben, dann prüfen Sie noch einmal nach.
Es können nur Rechenfehler sein. Danach → 151 A

151 A

Die im LS 150 D gefundenen Beziehungen zwischen Koeffizienten und Nullstellen heißen **Vietascher Wurzelsatz.** (Man bezeichnet die Lösungen $x_1, x_2, \ldots, x_n$ einer Gleichung vom Grade $n = 2$ auch als „Wurzeln".)

Für eine ganze rationale Funktion n-ten Grades

$$y = x^n + a_{n-1} x^{n-1} + \cdots + a_1 x + a_0$$

mit den Nullstellen $x_1, x_2, \ldots, x_n$ lautet er:

$$a_{n-1} = -(x_1 + x_2 + \ldots + x_n)$$
$$a_{n-2} = x_1 x_2 + x_1 x_3 + \cdots + x_1 x_n + x_2 x_3 + \cdots + x_2 x_n + \cdots + x_{n-1} x_n$$
$$\cdots\cdots\cdots\cdots\cdots\cdots\cdots\cdots\cdots\cdots\cdots\cdots\cdots\cdots\cdots\cdots\cdots\cdots$$
$$a_0 = (-1)^n x_1 x_2 \ldots x_n$$

Merke: Der Koeffizient a_{n-1} ist die Summe aller Nullstellen, multipliziert mit dem Faktor (-1). Der *Koeffizient* a_0 ist das *Produkt* aller Nullstellen, multipliziert mit dem Faktor $(-1)^n$.

Berechnen Sie nach der Aufgabe in LS 148 C die Koeffizienten für eine Funktion vom Grade $n = 2$ und $n = 4$.

(Für $n = 3$ vgl. LS 150 D)

Berechnen Sie dann die Koeffizienten für $n = 2$ und $n = 4$ mit dem Vietaschen Wurzelsatz!

—————▶ 152 A

151 B

$$-(x_1 + x_2 + x_3) = -(1 + 2 + 3) = -6 = a_2$$
$$x_1 x_2 + x_1 x_3 + x_2 x_3 = 2 + 3 + 6 = 11 = a_1$$
$$-x_1 x_2 x_3 = -1 \cdot 2 \cdot 3 = -6 = a_0$$

—————▶ 152 C

151 C

Es ist

$$f_2(x) = x^2 - 5x + 6 = (x - 2)(x - 3)$$
$$f_3(x) = x^3 - 6x^2 + 11x - 6 = (x - 1)(x - 2)(x - 3)$$

Wenn Ihr Ergebnis falsch war, dann vergleichen Sie Ihre Rechnung mit dem ausführlichen Lösungsweg

—————▶ 153 A

Sonst

—————▶ 153 B

151 D

Welches der drei Angebote ist nach Ihrer Meinung sinnvoll?

A) $\pm 1 \pm 2 \pm 3 \pm 4 \pm 6 \pm 9 \pm 12 \pm 18 \pm 36$ —————▶ 154 C

B) $\pm 1 \pm 2 \pm 3 \pm 6 \pm 9 \pm 18$ —————▶ 152 D

C) $\pm 1 \pm 2 \pm 3 \pm 4 \pm 5 \pm 6 \pm 7 \pm 8 \ldots$ —————▶ 154 D

152 A

Man erhält nach beiden Methoden das gleiche Ergebnis:

$n = 2$: $a_1 = -(x_1 + x_2)$

$a_0 = x_1 x_2$

$n = 4$: $a_3 = -(x_1 + x_2 + x_3 + x_4)$

$a_2 = x_1 x_2 + x_1 x_3 + x_1 x_4 + x_2 x_3 + x_2 x_4 + x_3 x_4$

$a_2 = -(x_1 x_2 x_3 + x_1 x_2 x_4 + x_1 x_3 x_4 + x_2 x_3 x_4)$

$a_0 = x_1 x_2 x_3 x_4$ ─────────▶ 152 B

152 B

Gegeben ist $y = x^3 - 6x^2 + 11x - 6$.
Die Nullstellen sind $x_1 = 1$, $x_2 = 2$, $x_3 = 3$;
wovon Sie sich durch Einsetzen leicht überzeugen können.
Bestätigen Sie den Vietaschen Wurzelsatz. ────────▶ 151 B

152 C

Gegeben ist $y = f_3(x) = x^3 - 6x^2 + 11x - 6$.
Für $x_1 = 1$ erhalten Sie das Wertepaar $(1; 0)$, also ist x_1 eine Nullstelle. Wenn Sie jetzt die rechte Seite der gegebenen Gleichung durch den Linearfaktor $(x - x_1) = (x - 1)$ dividieren (vgl. LS 138 B), so erhalten Sie $f_2(x) = x^2 - 5x + 6$. Die Ausgangsfunktion läßt sich dann in der Form schreiben:

$y = f_3(x) = (x - 1)(x^2 - 5x + 6) = (x - 1) f_2(x)$.

$f_2(x)$ ist im Grad um eins niedriger als $f_3(x)$.

Merke: x_1 ist eine reelle Nullstelle der ganzen rationalen Funktion $f_n(x)$ genau dann, wenn es eine ganze rationale Funktion $f_{n-1}(x)$ gibt, so daß für jedes x gilt:
   $f_n(x) = (x - x_1) f_{n-1}(x)$.

Bestimmen Sie jetzt die beiden reellen Nullstellen von $f_2(x) = x^2 - 5x + 6$, und drük-ken Sie $f_2(x)$ durch das Produkt der Linearfaktoren aus den beiden Nullstellen aus. Stellen Sie anschließend die Ausgangsfunktion $f_3(x)$ durch das Produkt aus den 3 Linearfaktoren dar. ────────▶ 151 C

152 D

Ihr Ergebnis ist richtig. Nach Abspalten des Koeffizienten der höchsten Potenz kommen nur noch Teiler von 18 in Frage. ────────▶ 153 D

153 A

Gegeben war $y = x^3 - 6x^2 + 11x - 6$ mit $x_1 = 1$.
Es ist $(x^3 - 6x^2 + 11x - 6):(x - 1) = x^2 - 5x + 6 = f_2(x)$.
$f_2(x) = x^2 - 5x + 6 = 0$ liefert die Nullstellen
$x_2 = 2$ und $x_3 = 3$.
Somit ist $f_2(x) = x^2 - 5x + 6 = (x - 2)(x - 3)$ und
$y = f_3(x) = x^3 - 6x^2 + 11x - 6 = (x - 1)(x - 2)(x - 3)$.

──────────► 153 B

153 B

Das Verfahren, das Sie eben angewandt haben, heißt „Verfahren des Abspaltens von Linearfaktoren".
Ist $y = x^n + a_{n-1}x^{n-1} + \cdots + a_1x + a_0$ eine Funktion n-ten Grades, die genau k reelle Nullstellen hat, wobei $k < n$ ist, so bleibt nach Abspaltung der k Linearfaktoren ein Restpolynom $f_{n-k}(x)$ übrig, das keine reellen Nullstellen mehr enthält. Es ist dann

$$y = f(x) = (x - x_1)(x - x_2) \ldots (x - x_k) f_{n-k}(x).$$

Der Grad des Restpolynoms $f_{n-k}(x)$ ist stets geradzahlig, was sich zeigen läßt.
Folglich muß ein Polynom 3. Grades stets mindestens eine reelle Nullstelle besitzen.
Wenn es keine weiteren reellen Nullstellen gibt, so ist das Restpolynom vom Grad 2.
Ist $k = n$, so gibt es n reelle Nullstellen, und das Polynom läßt sich vollständig in Linearfaktoren zerlegen:

$$y = f(x) = (x - x_1)(x - x_2) \ldots (x - x_n).$$

Aufgabe: Gegeben ist $y = x^3 - 2x + 4$.
Wenden Sie das Verfahren des Abspaltens von Linearfaktoren auf diese Funktion an.

──────────► 154 A

153 C

Die Nullstellen sind Teiler des Absolutgliedes. In der Praxis beschränkt man sich beim Aufsuchen einer Nullstelle durch Probieren auf Teiler ganzzahliger Absolutglieder.
Aufgabe: Welche Zahlen probiert man sinnvollerweise als mögliche Nullstellen des Polynoms
$y = 2x^3 - 8x^2 - 6x + 36$? ──────────► 151 D

153 D

Zerlegen Sie $y = 2x^3 - 8x^2 - 6x + 36$ in ein Produkt durch Abspalten von Linearfaktoren.
──────────► 157 A

154 A

$y = x^3 - 2x + 4$ hat nur eine reelle Nullstelle, und zwar $x = -2$, das Restpolynom $f_2(x) = x^2 - 2x + 2$ hat keine reellen Nullstellen. Folglich ist

$$y = x^3 - 2x + 4 = (x + 2)(x^2 - 2x + 2) .$$

Wenn Ihr Ergebnis nicht damit übereinstimmt, obwohl keine Rechenfehler vorliegen, dann — 152 C ⟶ 154 B
Sonst ⟶ 154 B

154 B

Welche praktischen Folgerungen bezüglich der Bestimmung der Nullstellen einer ganzen rationalen Funktion ziehen Sie aus der Tatsache, daß nach dem Satz von Vieta (LS 151 A) das Absolutglied a_0 gleich dem Produkt der Nullstellen, multipliziert mit $(-1)^n$, ist? ⟶ 153 C

154 C

Irrtum! Sie können in $y = 2x^3 - 8x^2 - 6x + 36$ den Koeffizienten der höchsten Potenz ausklammern:

$y = 2(x^3 - 4x^2 - 3x + 18)$. Die Nullstellen erhält man nur aus dem Ausdruck, der in der Klammer steht, d. h., aus

$x^3 - 4x^2 - 3x + 18$ mit $a_0 = 18$.
Damit ist B) im LS 151 D richtig. ⟶ 153 D

154 D

Ihr Ergebnis ist falsch. 5,7,8, . . . sind nicht Teiler des Absolutgliedes.

⟶ 153 C

154 E

Die Zerlegung ist nicht vollständig.
Zerlegen Sie auch noch den zweiten Faktor. ⟶ 153 D

154 F

Sie haben die Nullstellen nicht alle richtig berechnet. Wiederholen Sie die Nullstellenbestimmung. ⟶ 153 D

154 G

Sie haben zwar die Nullstellen durch Probieren richtig bestimmt, aber die **Linearfaktoren** $(x - x_i)$ falsch gebildet. ⟶ 153 D

155 A

Wenn Sie $y = 2(x + 2)(x - 3)^2$ oder $y = 2(x + 2)(x - 3)(x - 3)$ erhalten haben, so ist das richtig. ————————➤ 155 B
Sollten Sie jedoch eine andere Zerlegung gefunden haben, so müssen Sie nochmals genau nachrechnen, denn es liegen sicher Rechenfehler vor. ————————➤ 153 D

155 B

In der Zerlegung $y = 2(x + 2)(x - 3)^2$ nennt man die Stelle $x = 3$ doppelte Nullstelle. Also können Nullstellen auch mehrfach auftreten. So liegt in $y = (x - 2)^2(x + 4)^3$ bei $x = 2$ eine *doppelte* und bei $x = -4$ eine *dreifache* Nullstelle vor.
————————➤ 155 C

155 C

Wir beschäftigen uns jetzt mit der **gebrochenen rationalen Funktion**. Versuchen Sie, die gebrochene rationale Funktion mit reellen Koeffizienten zu definieren!
————————➤ 156 A

155 D

Ist der *Grad m* des Zählerpolynoms *kleiner* als der *Grad n* des Nennerpolynoms, so nennen wir die rationale Funktion **echt gebrochen** ($m < n$). Ist dagegen der *Grad m* des Zählerpolynoms *größer* als der *Grad n* des Nennerpolynoms *oder ihm gleich*, so heißt die rationale Funktion **unecht gebrochen** ($m \geqq n$).
Wenn Sie die richtige Antwort gefunden haben, dann ————————➤ 155 E
Wenn nicht, dann prägen Sie sich den Sachverhalt ein.
Danach ————————➤ 155 E

155 E

Ein unechter Bruch läßt sich durch Division in eine Summe aus einer ganzen Zahl und einem echten Bruch verwandeln. Genauso läßt sich eine unecht gebrochene rationale Funktion durch Polynomdivision in die Summe aus einer ganzen rationalen Funktion (Gleichung der Asymptote) und einer echt gebrochenen rationalen Funktion verwandeln.

Zeigen Sie das am Beispiel $r(x) = \dfrac{2x^2 + 4x - 1}{x - 1}$.

Danach ————————➤ 156 B

156 A

Definition: Die **gebrochene rationale Funktion** ist der Quotient aus 2 Polynomen. Sie hat die Form

$$r(x) = \frac{p(x)}{q(x)} = \frac{a_0 + a_1 x + a_2 x^2 + \cdots + a_m x^m}{b_0 + b_1 x + b_2 x^2 + \cdots + b_n x^n}.$$

Die Koeffizienten $a_i (i = 0,1,2, \ldots, m)$ und $b_k (k = 0,1,2, \ldots, n)$ sind reelle Zahlen, m und n natürliche Zahlen. $D(f)$ und $W(f)$ müssen von Fall zu Fall untersucht werden. Hatten Sie die Definition sinngemäß richtig angegeben?

Ja ───────────────→ 157 D

Nein, dann lesen Sie die Definition genau durch, und prägen Sie sich diese ein, und gehen Sie dann weiter ───────────────→ 157 D

156 B

Es ergibt sich $r(x) = 2x + 6 + \dfrac{5}{x-1}$. Asymptote: $y = 2x + 6$.

Erhielten Sie dieses Ergebnis?

Nein ───────────────→ 156 D

Ja ───────────────→ 156 C

156 C

$r(x) = \dfrac{p(x)}{q(x)}$ sei eine gebrochene rationale Funktion.

Geben Sie die Bedingung an:

a) für eine Nullstelle dieser Funktion,

b) für einen Pol ───────────────→ 158 A

156 D

Die Polynomdivision lautet:

$$(2x^2 + 4x - 1) : (x - 1) = 2x + 6 + \frac{5}{x-1}$$

$$\underline{- (2x^2 - 2x)}$$
$$\qquad 6x - 1$$
$$\qquad \underline{- (6x - 6)}$$
$$\qquad\qquad 5$$

$y = 2x + 6$ ganze rationale Funktion (Asymptote), $y = \dfrac{5}{x-1}$ echt gebrochene rationale Funktion.

Zerlegen Sie $r(x) = \dfrac{x^4 + x^3 - 27x^2 + 39x - 11}{x^2 - 4x + 1}$

in eine Summe aus einer ganzen rationalen Funktion und einer echt gebrochenen rationalen Funktion! ───────────────→ 159 D

157 A

Sie haben erhalten:

A) $y = 2(x+2)(x^2 - 6x + 9)$ ———————→ 154 E
B) $y = 2(x+2)(x-3)(x+3)$ ———————→ 154 F
C) $y = 2(x-2)(x+3)^2$ ———————→ 154 G
D) eine andere Zerlegung ———————→ 155 A

157 B

Ergebnis:

a) Der Funktionswert $r(-3)$ existiert nicht, da der Nenner Null wird (Pol).

b) $\overline{r}(x) = \dfrac{x^2 + 5x + 2}{8x - 4}$ $\left|\ \overline{r}(-1) = \dfrac{-2}{-12} = \dfrac{1}{6}\right.$ bestimmter Wert

Haben Sie Fehler gemacht; dann gehen Sie nach ———————→ 158 B
sonst ———————→ 157 C

157 C

Wir werden jetzt die Graphen einiger gebrochener rationaler Funktionen betrachten. Zeichnen Sie die Graphen folgender Funktionen:

a) $y = \dfrac{1}{x}$, b) $y = \dfrac{1}{x^2}$, c) $y = \dfrac{1}{x^3}$, d) $y = \dfrac{1}{x^4}$ ———————→ 161 A

157 D

Genau wie bei echten und unechten Brüchen unterscheiden wir **echt** und **unecht** gebrochene rationale Funktionen.
Wodurch unterscheiden sie sich? ———————→ 155 D

157 E

Untersuchen Sie, ob folgende Funktionen echt oder unecht gebrochen rational sind, und wandeln Sie die unecht gebrochenen rationalen Funktionen in eine Summe aus einer ganzen rationalen und einer echt gebrochenen rationalen Funktion um!

a) $\dfrac{(x-4)^3}{(x+5)^3}$ b) $\dfrac{x^3 + 5x^2 - 4x - 20}{(x-2)(x+2)(x+5)}$ c) $\dfrac{(2x-3)^2}{(x-5)(x^2+4)}$

d) $\dfrac{x+1}{x-1}$ e) $\dfrac{x}{x+1}$ f) $\dfrac{2x^3 + 3x^2 - 19x + 4}{x+4}$ ———————→ 159 C

158 A

Eine **Nullstelle** liegt an der Stelle $x = x_0$ vor, wenn das Zählerpolynom für $x = x_0$ Null wird und das Nennerpolynom an der Stelle $x = x_0$ verschieden von Null ist, also $p(x_0) = 0$ und $q(x_0) \neq 0$. Ein **Pol** liegt an der Stelle $x = x_1$ vor, wenn das Nennerpolynom für $x = x_1$ Null wird und das Zählerpolynom für x_1 verschieden von Null ist, also $p(x_1) \neq 0$ und $q(x_1) = 0$. Tritt die Nullstelle x_i von $q(x)$ *k-fach* auf, so liegt ein **Pol** *k-ter* **Ordnung** vor. ────────➤ 158 B

158 B

Was ist über eine Stelle x_2 zu sagen, für die sowohl das Zähler- als auch das Nennerpolynom zu Null wird, also

$$p(x_2) = q(x_2) = 0 \,?$$ ────────➤ 160 A

158 C

a) Grad des Zählers $m = 3$, Grad des Nenners $n = 3$, $m = n$, also unecht gebrochene rationale Funktion.

$$(x^3 - 12x^2 + 48x - 64):(x^3 + 15x^2 + 75x + 125)$$

$$= 1 - \frac{27x^2 + 27x + 189}{x^3 + 15x^2 + 75x + 125}$$

b) Grad des Zählers $m = 3$, Grad des Nenners $n = 3$, $m = n$, also unecht gebrochene rationale Funktion.

Da aber das Nennerpolynom

$$(x - 2)(x + 2)(x + 5) = (x^2 - 4)(x + 5) = x^3 + 5x^2 - 4x - 20$$

gleich dem Zählerpolynom ist, liegt eine ganze rationale Funktion vor, und zwar die konstante Funktion $y = 1$.

c) Grad des Zählers $m = 2$, Grad des Nenners $n = 3$, $m < n$, also echt gebrochene rationale Funktion.

d) Grad des Zählers $m = 1$, Grad des Nenners $n = 1$, $m = n$, also unecht gebrochene rationale Funktion.

$$(x + 1):(x - 1) = 1 + \frac{2}{x - 1}$$

e) Grad des Zählers $m = 1$, Grad des Nenners $n = 1$, $m = n$, also unecht gebrochene rationale Funktion.

$$x:(x + 1) = 1 - \frac{1}{x + 1}$$

f) Grad des Zählers $m = 3$, Grad des Nenners $n = 1$, $m > n$, also unecht gebrochene rationale Funktion.
Weil $(2x^3 + 3x^2 - 19x + 4):(x + 4) = 2x^2 - 5x + 1$ ist, liegt eine ganze rationale Funktion vor. ────────➤ 156 C

159 A

$$s(x) = (x-2)\frac{2x+3}{x^2-x-1}; \quad s(2) = 0,$$

also Nullstelle.
Wenn Sie ein anderes Ergebnis haben, dann suchen Sie Ihren Fehler durch Vergleich.

————————► 159 B

---

159 B

Bestimmen Sie die Werte der beiden folgenden Funktionen:

a) $r(x) = \dfrac{x^3 + 3x^2 - 5x - 15}{x^4 + 6x^3 + 11x^2 + 12x + 18}$ an der Stelle $x = -3$

b) $r(x) = \dfrac{x^3 + 6x^2 + 7x + 2}{8x^2 + 4x - 4}$ an der Stelle $x = -1$ ————————► 157 B

---

159 C

a) unecht gebrochene rationale Funktion

$$\frac{(x-4)^3}{(x+5)^3} = 1 - \frac{27x^2 + 27x + 189}{x^3 + 15x^2 + 75x + 125}$$

b) In diesem Fall liegt eine ganze rationale Funktion vor, weil

$$\frac{x^3 + 5x^2 - 4x - 20}{(x-2)(x+2)(x+5)} = 1$$

c) echt gebrochene rationale Funktion

d) unecht gebrochene rationale Funktion $\dfrac{x+1}{x-1} = 1 + \dfrac{2}{x-1}$

e) unecht gebrochene rationale Funktion $\dfrac{x}{x+1} = 1 - \dfrac{1}{x+1}$

f) unecht gebrochene rationale Funktion, sogar eine ganze rationale Funktion, da

$$\frac{2x^3 + 3x^2 - 19x + 4}{x+4} = 2x^2 - 5x + 1$$

Stimmen Ihre Ergebnisse mit diesen überein? Nein ————————► 158 C

Ja ————————► 156 C

---

159 D

$$r(x) = x^2 + 5x - 8 \qquad\qquad + \qquad\qquad \frac{2x-3}{x^2 - 4x + 1}$$

ganze rationale
Funktion

echt gebrochene rationale
Funktion

Wenn Sie das gleiche Ergebnis gefunden hatten, dann ————————► 157 E
wenn nicht, so kann nur ein Rechenfehler vorliegen.
Prüfen Sie nach, danach ————————► 157 E

160 A

An der Stelle $x = x_2$ ist der Funktionswert nicht definiert, da Zähler- und Nennerpolynom beide gleich Null sind. Die Funktion hat bei $x = x_2$ eine **Lücke**!

Im folgenden wird gezeigt: **Man kann eine solche Lücke beseitigen, indem man die gegebene Funktion durch eine neue Funktion** ersetzt, die keine Lücke mehr hat. Es sei x_2 eine solche Lücke, und zwar eine k-fache Nullstelle des Zählerpolynoms und eine j-fache Nullstelle des Nennerpolynoms. Somit gilt:

$$\left. \begin{array}{l} p(x) = (x - x_2)^k \, \bar{p}\,(x) \\ q(x) = (x - x_2)^j \, \bar{q}\,(x) \end{array} \right\} \quad \bar{p}\,(x_2) \neq 0, \; \bar{q}\,(x_2) \neq 0.$$

Dann ist $r(x) = \dfrac{(x - x_2)^k \, \bar{p}(x)}{(x - x_2)^j \, \bar{q}(x)}$ Ist $x \neq x_2$, so darf man kürzen, und es entsteht die **neue Funktion**

$$s(x) = (x - x_2)^{k-j} \cdot \frac{\bar{p}\,(x)}{\bar{q}\,(x)}, \quad \text{die keine Lücke mehr enthält.}$$

Für $x - x_2$ muß man 3 Fälle unterscheiden:

1. Für $k = j$ wird $s(x_2) = \dfrac{\bar{p}(x_2)}{\bar{q}(x_2)}$ ein bestimmter Wert ungleich Null.

2. Für $k > j$ wird $s(x_2) = (x - x_2)^{k-j} \dfrac{\bar{p}(x_2)}{\bar{q}(x_2)}$ eine $(k - j)$ - fache Nullstelle der neuen Funktion.

3. Für $k < j$ wird $s(x_2) = \dfrac{1}{(x - x_2)^{j-k}} \cdot \dfrac{\bar{p}(x_2)}{\bar{q}(x_2)}$ ein $(j - k)$ facher Pol der neuen Funktion.

$\longrightarrow$ 160 B

160 B

$$r(x) = \frac{2x^3 - 5x^2 - 4x + 12}{x^3 - 3x^2 + x + 2} \quad \text{hat bei } x = 2 \; \textit{eine Lücke.}$$

Zerlegen Sie nach LS 160 A $p(x)$ und $q(x)$ in Faktoren, kürzen Sie, und stellen Sie fest, welchen Wert die neue Funktion $s(x)$ an der Stelle $x = 2$ annimmt.

$\longrightarrow$ 159 A

160 C

Aufgabe: Zeichnen Sie den Graphen von $y = \dfrac{x - 2}{(x + 1)^2}$,

und bestimmen Sie: Nullstellen, Art der Nullstellen, Schnittpunkt mit der y-Achse, Pole und Ordnung der Pole sowie den größtmöglichen Definitionsbereich $D(f)$.

$\longrightarrow$ 163 A

161 A

a)

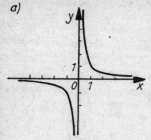

b)

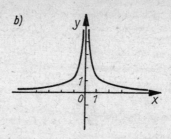

c)

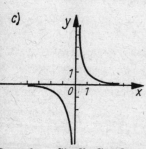

d)

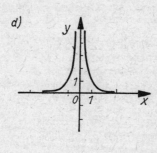

Betrachten Sie die Graphen, und geben Sie die Ordnung der Pole an.

———————→ 163 B

161 B

a) $y = \dfrac{1}{x}$,   Pol 1. Ordnung:

Ein Ast strebt nach — ∞, der andere nach + ∞,

b) $y = \dfrac{1}{x^2}$,   Pol 2. Ordnung:

Beide Äste streben nach + ∞,

c) $y = \dfrac{1}{x^3}$,   Pol 3. Ordnung:

Ein Ast strebt nach — ∞, der andere nach + ∞,

d) $y = \dfrac{1}{x^4}$,   Pol 4. Ordnung:

Beide Äste streben nach + ∞.

Merksatz: Bei einem Pol gerader Ordnung streben die Äste beide nach + ∞ oder — ∞. Liegt ein Pol ungerader Ordnung vor, so strebt ein Ast nach + ∞, der andere nach — ∞. Das gilt allgemein für alle gebrochenen rationalen Funktionen (ohne nähere Begründung). ———————→ 160 C

162 A

Zusammenfassend stellen wir Ihnen noch einige Aufgaben, deren Ergebnisse Sie selbst kontrollieren und bewerten sollen.

Leistungskontrolle zu Abschnitt 6:

1. Zerlegen Sie $y = x^4 - x^3 - 25x^2 + 37x + 60$ durch Abspalten von Linearfaktoren in ein Produkt.

2. Gegeben sind 2 Punkte $P_1\left(\frac{1}{2}; 1\right)$ und $P_2\left(3; -\frac{1}{3}\right)$.
   Stellen Sie die Zwei-Punkte-Gleichung der Geraden durch diese 2 Punkte auf, und leiten Sie daraus alle anderen Formen der Geradengleichung her.

3. Für die Funktion $y = x^3 + 2x$ soll die Translation
   $$x = \bar{x} - \frac{1}{2}, \, y = \bar{y} - \frac{1}{8}$$
   durchgeführt werden. Welche Funktion im $\bar{x}; \bar{y}$-System entsteht dabei?

4. Man bestimme den Scheitelpunkt der zu
   $y = 3x^2 - 2x + 5$ gehörigen Parabel.

5. Man bestimme die ganze rationale Funktion 2. Grades, die die 3 geordneten Paare $\left(-1; -\frac{9}{2}\right)$, $(2; 3)$, $(4; 13)$ enthält.

6. Für die Funktion $y = \dfrac{x(2 - x)}{(x - 1)^2}$
   sind Nullstellen, Polstellen, die Gleichung der Asymptote anzugeben und eine Skizze anzufertigen.

──────────▶ 164 A

163 A

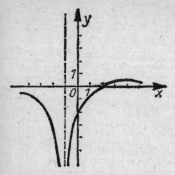

Nullstelle: $x = 2$, einfach
Schnittpunkt mit der y-Achse: $(0; -2)$
Pol: $x = -1$; 2. Ordnung

$D(f): \{x \mid -\infty < x < -1 \cup -1 < x < \infty\}$

Hatten Sie dieses Ergebnis gefunden?
Ja $\qquad\qquad\longrightarrow$ 162 A
Nein, dann $\qquad\qquad -$ 158 A $\longrightarrow$ 162 A

---

163 B

a) $y = \dfrac{1}{x}$, $x = 0$ Pol 1. Ordnung,

b) $y = \dfrac{1}{x^2}$, $x = 0$ Pol 2. Ordnung,

c) $y = \dfrac{1}{x^3}$, $x = 0$ Pol 3. Ordnung,

d) $y = \dfrac{1}{x^4}$, $x = 0$ Pol 4. Ordnung.

Wenn Sie die Ordnung nicht richtig angeben konnten,
dann $\qquad\qquad -$ 158 A $\longrightarrow$ 161 A
Leiten Sie aus Ihrer Antwort einen Merksatz über Kurvenverlauf und
Polordnung ab. $\qquad\qquad\longrightarrow$ 161 B

---

163 C

Bewertung der Ergebnisse:

23—25 Punkte: Ihre Leistungen sind sehr gut.
Arbeiten Sie weiter so! $\qquad\longrightarrow$ 165 A

17—22 Punkte: Sie haben den Stoff im wesentlichen verstanden. Wir empfehlen Ihnen
jedoch, Ihre Rechnungen stets zu überprüfen. $\longrightarrow$ 165 A

12—16 Punkte: Ihre Leistungen sind mangelhaft. Wiederholen Sie den Stoff, bei dem
Ihnen Fehler unterlaufen sind, noch einmal. Danach
$\qquad\qquad\longrightarrow$ 165 A

weniger als 12 Punkte: Entweder sind Ihre Grundkenntnisse sehr mangelhaft, oder
Ihre Arbeitsweise ist oberflächlich. Wir empfehlen Ihnen, das Programm von LS 130 B an noch einmal gründlich durchzuarbeiten.
$\qquad\qquad\longrightarrow$ 130 B

Ergebnisse	Punkte

1. Aufgabe $\quad y = (x+1)\;(x-3)\;(x+5)\;(x-4)$ $\qquad$ 4

$\qquad\qquad\quad$ ① $\qquad$ ① $\qquad$ ① $\qquad$ ①

2. Aufgabe $\qquad \dfrac{-\frac{1}{3}-1}{3-\frac{1}{2}} = \dfrac{y-1}{x-\frac{1}{2}} \quad$ bzw. $\quad \dfrac{1+\frac{1}{3}}{\frac{1}{2}-3} = \dfrac{y+\frac{1}{3}}{x-3}$ $\qquad$ 2

$\qquad\qquad$ (Zwei-Punkte-Gleichung)

$\qquad\qquad -\dfrac{8}{15} = \dfrac{y-1}{x-\frac{1}{2}} \quad$ o. $\quad y-1 = -\dfrac{8}{15}\left(x-\dfrac{1}{2}\right)$

bzw. $\qquad -\dfrac{8}{15} = \dfrac{y+\frac{1}{3}}{x-3} \quad$ o. $\quad y+\dfrac{1}{3} = -\dfrac{8}{15}\,(x-3)$ $\qquad$ 1

$\qquad\qquad$ (Punkt-Richtungs-Gleichung)

$\qquad\qquad y = -\dfrac{8}{15}\,x + \dfrac{19}{15} \qquad$ Explizite Form $\qquad$ 1

$\qquad\qquad 8x + 15y - 19 = 0 \qquad$ Implizite Form $\qquad$ 1

$\qquad\qquad \dfrac{x}{\frac{19}{8}} + \dfrac{y}{\frac{19}{15}} = 1 \qquad$ Achsenabschnittsgleichung $\qquad$ 1

3. Aufgabe $\quad \bar{y} = \bar{x}^3 - \dfrac{3}{2}\bar{x}^2 + \dfrac{11}{4}\bar{x} - 1$ $\qquad$ 3

$\qquad\qquad\qquad\quad$ ① $\qquad$ ① $\qquad$ ①

4. Aufgabe $\quad$ Abszisse des Scheitelpunktes $\dfrac{1}{3}$ ①

$\qquad\qquad$ Ordinate des Scheitelpunktes $\dfrac{14}{3}$ ① $\qquad$ 3

$\qquad\qquad$ Umformung ①

5. Aufgabe $\quad y = \dfrac{1}{2}x^2 + 2x - 3$ $\qquad$ 5

$\qquad\qquad\qquad$ ① $\qquad$ ① $\qquad$ ①

$\qquad\qquad$ Lösungsverfahren ①

$\qquad\qquad$ Gleichungssystem ①

6. Aufgabe $\quad$ Nullstellen: $x_0 = 2,\; x_1 = 0$ $\qquad$ 1

$\qquad\qquad$ Pol: $\qquad x_p = 1$ (2. O.) $\qquad$ 1

$\qquad\qquad$ Asymptote: $y = -1$ $\qquad$ 1

Bild $\quad$ 1

$$y = \frac{x\,(2-x)}{(x-1)^2}$$

$\dfrac{1}{25}$

7.   Nichtrationale elementare Funktionen

165 A

Es werden Kenntnisse über Wurzelfunktionen, Exponentialfunktionen, Logarithmusfunktionen und trigonometrische Funktionen wiederholt und vertieft.
Ausgehend von den ganzen rationalen Funktionen, wird die Wurzelfunktion als deren Umkehrfunktion eingeführt und verallgemeinert.
Bei den Exponential- und Logarithmusfunktionen sollen Sie den Zusammenhang zwischen Basis (0 < a < 1 bzw. a > 1) und zugehörigem Graphen erkennen.
Mit der Wiederholung der trigonometrischen Funktionen werden Sie auf deren Anwendung in Naturwissenschaft und Technik (z. B. Schwingungsprobleme in der Mechanik und Elektrotechnik) vorbereitet.
Sie sind nach gründlicher Durcharbeitung des Abschnitts in der Lage,

– *die Eigenschaften dieser Funktionen zu beschreiben,*
– *deren Graphen zu skizzieren,*
– *Verschiebungen und Streckungen durchzuführen,*
– *den Zusammenhang zwischen Transformationen und den sie beschreibenden Parametern zu erkennen.*

Beantworten Sie zunächst zur Wiederholung einige Fragen!

a) Was ist der Grundbereich einer Gleichung?
b) Wie wird der Grundbereich $M = \{(x;y)\}$ mit $x,y \in P$ dargestellt?
c) Wie wird *ein* Element $(x;y) \in M$ dargestellt?
d) Wie wird die Lösungsmenge L einer Gleichung der Form $f(x;y) = 0$
   dargestellt? ──────────► 166 A

165 B

Ihre Antwort ist richtig, denn zu einem x-Wert gehören 2 y-Werte.
Die Eindeutigkeit ist verletzt. ──────► 166 C

165 C

Irrtum. Es ist keine Funktion, die Eindeutigkeit ist verletzt, denn zu jedem x-Wert gehören für $x > 0$ zwei y-Werte. ──────► 166 C

166 A

a) Die Variablen einer Gleichung gehören einer vorgegebenen Menge an (z. B. Menge der ganzen Zahlen). Diese Menge bezeichnet man als Grundbereich der Gleichung.

b) Der Grundbereich $M = \{(x;y)\}$ mit $x, y \in P$ wird dargestellt durch alle Punkte der $x;y$-Ebene.

c) *Ein* Element $(x;y) \in M$ wird durch *einen* Punkt der $x;y$-Ebene dargestellt.

d) Die Lösungsmenge L einer Gleichung der Form $f(x;y) = 0$ wird durch alle Punkte einer Kurve in der $x;y$-Ebene dargestellt.

Konnten Sie alle Fragen richtig beantworten?

Ja ⟶ 166 B

Nein, dann wiederholen Sie 105 A, 106 C, 109 B.
Danach ⟶ 166 B

166 B

Die Lösungsmenge der Gleichung $x - y^2 = 0$
wird durch die folgende Kurve
in der $x;y$-Ebene dargestellt:
Entscheiden Sie, ob die Gleichung $x - y^2 = 0$

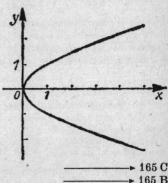

A)   eine Funktion $y = f(x)$ ⟶ 165 C
B)   keine Funktion ist. ⟶ 165 B

166 C

$\{(x; \sqrt{x})\}$ ist eine Funktion der reellen Veränderlichen x für $x \geqq 0$.

Schreiben Sie die Funktion in der Form $y = f(x)$: $y = \ldots\ldots$
Geben Sie Definitionsbereich $D(f)$ und Wertevorrat $W(f)$ an, und zeichnen Sie den Graphen der Funktion. ⟶ 168 A

167 A

a) $M_1(f) = \{x \mid -\infty < x \leqq 0\}$ $f(x)$ monoton fallend
    $M_2(f) = \{x \mid 0 < x < \infty\}$ $f(x)$ monoton steigend

b) $y = \check{f}_1(x) = -\sqrt{x}$ mit $D(\check{f}_1) = \{x \mid 0 \leqq x < \infty\}$,
                     $W(\check{f}_1) = \{y \mid -\infty < y \leqq 0\}$

   $y_2 = \check{f}_2(x) = \sqrt{x}$ mit $D(\check{f}_2) = \{x \mid 0 < x < \infty\}$,
                        $W(\check{f}_2) = \{y \mid 0 < y < \infty\}$

c)

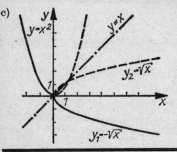

Beachten Sie:

In beiden Funktionen y_1 und y_2 ist der Radikand nicht negativ, $x \geqq 0$!
Falls Sie Fehler gemacht haben,
dann   — 122 D ⟶ 168 B
Sonst   ⟶ 167 B

---

167 B

Betrachten Sie jetzt die Funktion $y = x^3$, mit
$D(f) = \{x \mid -\infty < x < \infty\}$, $W(f) = \{y \mid -\infty < y < \infty\}$.
Wie ist ihr Monotonieverhalten?
Existieren Umkehrfunktionen $y = \check{f}(x)$?
Geben Sie $D(\check{f})$ und $W(\check{f})$ an!   ⟶ 169 A

---

167 C

a) Zu $(2;8)$ von AF gehört $(8;2)$ von UF, denn $\sqrt[3]{8} = 2 = \check{f}(8)$ und zu $(-2;-8)$ von AF gehört $(-8;-2)$ von UF, denn $-\sqrt[3]{-(-8)} = -2 = \check{f}(-8)$.

b) Beide Funktionsteile sind streng monoton zunehmend, weil für $x_1 < x_2$ stets $f(x_1) < f(x_2)$ folgt.

c)

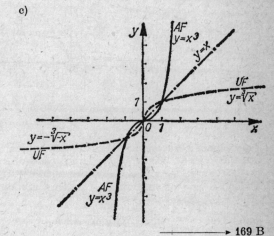

⟶ 169 B

168 A

$y = \sqrt{x}$;
$D(f) = \{x \mid 0 \leqq x < \infty\}$
$W(f) = \{y \mid 0 \leqq y < \infty\}$

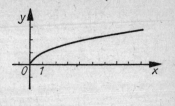

Ist Ihr Ergebnis richtig?

Ja   ───────➤ 168 B

Nein. Dann wiederholen Sie LS 115 C, g und LS 111 C.

Danach   ───────➤ 168 B

---

168 B

Die Funktion $y = x^2$ ist Ihnen als ganze rationale Funktion bereits genau bekannt. Ihr Definitionsbereich ist

$$D(f) = \{x \mid - \infty < x < \infty\}.$$

a) Geben Sie die Monotonieintervalle dieser Funktion an.
b) Wie lauten die Umkehrfunktionen?
   Geben Sie $D(\bar{f})$ und $W(\bar{f})$ an.
c) Zeichnen Sie den Graphen der Funktion, und spiegeln Sie diesen an der Geraden
   $y = x$.   ───────➤ 167 A

---

168 C

a) $y = \sqrt{x}$ $D(\bar{f}) = \{x \mid 0 \leqq x < \infty\} \triangleq W(f)$
                     $W(\bar{f}) = \{y \mid 0 \leqq y < \infty\} \triangleq D(f)$

b) $y = \sqrt[5]{x}$ $D(\bar{f}) = \{x \mid 0 \leqq x < \infty\} \triangleq W(f)$
                     $W(\bar{f}) = \{y \mid 0 \leqq y < \infty\} \triangleq D(f)$

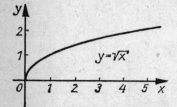 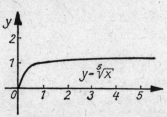

            ───────➤ 168 D

---

168 D

Sie erkennen: Wurzelfunktionen im Sinne der Definition von LS 169 B und Potenzfunktionen sind Umkehrfunktionen zueinander für alle Monotonieintervalle, für die der Funktionswert der Potenzfunktionen nicht negativ ist.

Bilden Sie die Umkehrfunktion $\bar{f}$ zu der Funktion

$$y = x^2 + 2, \quad D(f) = \{x \mid 0 \leqq x < \infty\},$$

und geben Sie deren Definitionsbereich $D(\bar{f})$ an!   ───────➤ 170 A

169 A

$y = x^3$ ist im gesamten Definitionsbereich monoton steigend. Folglich existiert nur eine Umkehrfunktion $y = \bar{f}(x)$ mit $D(\bar{f}) = \{x \mid -\infty < x < \infty\}$ und $W(\bar{f}) = \{y \mid -\infty < y < \infty\}$ (vgl. LS 124 A).

Wollen wir die Funktion $y = \bar{f}(x)$ in analytischer Form angeben, so müssen wir die Variablen vertauschen, d. h., $y = x^3$ geht über in $x = y^3$, und diese Gleichung durch Radizieren nach y auflösen: $y = \sqrt[3]{x}$.

Da das Radizieren bisher nur für $x \geq 0$ erklärt wurde, erhält man durch die Umformung nicht die gesamte analytische Darstellung der Umkehrfunktion, sondern nur den Teil, der aus der Umkehrung von $y = f_1(x) = x^3$ für $x \geq 0$ entsteht:

$y = \bar{f}_1(x) = \sqrt[3]{x}$. Die Umkehrung von $y = f_2(x) = x^3$ für $x < 0$ ergibt $y = \bar{f}_2(x) = -\sqrt[3]{-x}$.

Folglich lautet die Umkehrfunktion von $y = x^3$

$$y = \bar{f}(x) = \begin{cases} -\sqrt[3]{-x} & x < 0 \\ \\ \sqrt[3]{x} & x \geq 0 \end{cases} \quad \text{für}$$

a) Welche Punkte der UF gehören zu den Punkten $(2;8)$ und $(-2;-8)$ der AF?
b) Untersuchen Sie das Monotonieverhalten der beiden Funktionsteile!
c) Zeichnen Sie die Graphen der AF und UF! ————➤ 167 C

169 B

Wir definieren jetzt die Wurzelfunktionen:

Definition: Funktionen $f = \left\{ \left(x; x^{\frac{1}{n}} \right) \right\}$ mit $n \in N, n > 1$,

anders geschrieben $f = \left\{ \left(x; \sqrt[n]{x} \right) \right\}$ oder $y = \sqrt[n]{x}$, heißen **Wurzelfunktionen**.

Es sind monoton steigende Funktionen. Die Wertepaare $(0;0)$ und $(1;1)$ sind allen Wurzelfunktionen gemeinsam.

Beachten Sie: Der Radikand der Wurzelfunktion darf niemals negativ sein!

Gegeben ist $y = \sqrt[3]{-t}$. Für welche Werte von t ist

$y = \sqrt[3]{-t}$ eine Wurzelfunktion?

Geben Sie von $y = \sqrt[3]{-t}$ $D(f)$ und $W(f)$ an! ————➤ 171 A

170 A

Ihr Ergebnis lautet

a) $y = \sqrt{x-2}$ $\quad D(f) = \{x \mid 2 \leq x < \infty\}$ ――――――▶ 172 A

b) $y = \sqrt{x+2}$ $\quad D(f) = \{x \mid -2 \leq x < \infty\}$ ――――――▶ 172 B

c) $y = \sqrt{x-2}$ $\quad D(f) = \{x \mid -2 \leq x < \infty\}$ ――――――▶ 172 C

d) $y = \sqrt{x-2}$ $\quad D(f) = \{x \mid 0 \leq x < \infty\}$ ――――――▶ 172 D

e) ein anderes Ergebnis ――――――▶ 172 E

170 B

a) $D(f) = \{x \mid -4 \leq x \leq +4\}$
   $W(f) = \{y \mid 0 \leq y \leq +4\}$

b) Es gibt 2 Monotonieintervalle   c)
   $M_1 = \{x \mid -4 \leq x \leq 0\}$,
   $f(x)$ monoton steigend
   $M_2 = \{x \mid 0 < x \leq +4\}$,
   $f(x)$ monoton fallend

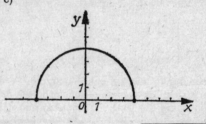

Wenn Sie alles richtig gefunden haben ――――――▶ 170 D

Wenn Sie das nicht gefunden haben ――――▶ 170 C

170 C

a) Da der Radikand nicht negativ sein darf, gilt: $16 - x^2 \geq 0$.

Man erhält $\{-4 \leq x \leq +4\}$ als Lösungsmenge der Ungleichung. Damit gilt:
$D(f) = \{x \mid -4 \leq x \leq +4\}$.

b) Von $x = -4$ bis $x = 0$ nimmt der Radikand zu, und y steigt.
$M_1 = \{x \mid -4 \leq x \leq 0\}$, $f(x)$ monoton steigend.

Von $x > 0$ bis $x = +4$ nimmt der Radikand ab, und y fällt.
$M_2 = \{x \mid 0 < x \leq +4\}$, $f(x)$ monoton fallend.

c) Aus $y = \sqrt{16 - x^2}$ mit $y \geq 0$ folgt durch Quadrieren
$y^2 = 16 - x^2$ oder $x^2 + y^2 = 16$ mit $y \geq 0$.

Das ist die Gleichung eines (oberen) Halbkreises. ――――――▶ 170 D

170 D

Bei der allgemeinen Wurzelfunktion $y = \sqrt[n]{T}$ ist $T \geq 0$ ein beliebiger Term. Auf welche Aussagen im LS 169 B muß dabei verzichtet werden? ――――――▶ 173 A

171 A

$y = \sqrt[3]{-t}$ ist für $t \leqq 0$ eine Wurzelfunktion, denn nur dann ist der Radikand nicht negativ.

$D(f) = \{t \mid -\infty < t \leqq 0\}$ $W(f) = \{y \mid 0 \leqq y < \infty\}$

Bilden Sie zu folgenden Funktionen die Umkehrfunktion!

a) $y = x^2$ $D(f) = \{x \mid 0 \leqq x < \infty\}$, $W(f) = \{y \mid 0 \leqq y < \infty\}$
b) $y = x^5$ $D(f) = \{x \mid 0 \leqq x < \infty\}$, $W(f) = \{y \mid 0 \leqq y < \infty\}$

Zeichnen Sie die Graphen der Umkehrfunktionen! ————————→ 168 C

171 B

Sie müßten zu folgenden Ergebnissen gekommen sein:

1. $D(f) = \left\{x \mid x \geqq \dfrac{2}{7}\right\}$

2. $y = a\sqrt{x + b} + c$

3. Für $d > 0$ sind die Funktionen $y = d\sqrt{x + f}$ monoton steigend.

   Für $d < 0$ sind die Funktionen $y = d\sqrt{x + f}$ monoton fallend.

4. a) Der Graph zeigt gegenüber $y = \sqrt[3]{x}$ eine **Verschiebung**
   um 4 Einheiten in Richtung x-Achse, und zwar nach rechts.

   b) Der Graph zeigt gegenüber $y = \sqrt[3]{x}$ eine **Streckung** (Stauchung)
   der Ordinaten auf das $1/2$fache.

   c) Der Graph zeigt gegenüber $y = \sqrt[3]{x}$ eine **Streckung** der Ordinaten
   auf das (-3)-fache oder
   eine **Streckung** der Ordinaten auf das 3fache und eine anschließende Spiegelung
   an der x-Achse.

   d) Der Graph zeigt gegenüber $y = \sqrt[3]{x}$ eine **Verschiebung** um $\dfrac{3}{2}$ Einheiten in Richtung y-Achse, und zwar nach oben.

5. $y = \sqrt{x - 1} - 2$

Wenn Ihnen die Lösung der gestellten Aufgaben noch nicht vollständig richtig gelungen ist, dann empfehlen wir Ihnen, den nächsten Programmteil durchzuarbeiten.

————————→ 173 C

Wenn Sie bei *allen* Aufgaben zu den angegebenen Ergebnissen gekommen sind, dann können Sie den nächsten Programmteil auslassen.
Arbeiten Sie weiter mit ————————→ 178 A

172 A

Ihr Ergebnis ist richtig.

———————————→ 172 F

172 B

Ihr Ergebnis ist falsch. Die Auflösung nach x ergibt $y - 2 = x^2$, und da $x \geqq 0$,
und $x = \sqrt{y - 2}$, und die Umbenennung der Variablen führt auf $y = \sqrt{x - 2}$.
Entsprechend ändert sich der Definitionsbereich.

———————————→ 168 D

172 C

$D(\bar{f})$ ist falsch. Sie beachten nicht, daß der Radikand nicht negativ sein darf.

———————————→ 168 D

172 D

Ihr Ergebnis ist falsch. Sie beachten nicht, daß sich bei Bildung der Umkehrfunktion
der Definitionsbereich ändert.

———————————→ 168 D

172 E

Die Umkehrfunktion lautet $y = \sqrt{x - 2}$.
$D(\bar{f}) = \{x \mid 2 \leqq x < \infty\}$. Überprüfen Sie Ihre Rechnung!

— 168 D ———————→ 172 F

172 F

Wie $y = x^2$ ist auch $y = x^2 + 2$ eine ganze rationale Funktion. Wir wollen daher auch
die Umkehrfunktion von $y = x^2 + 2$ in einem Monotonieintervall ebenso wie die Umkehrfunktion von $y = x^2$ eine **Wurzelfunktion** nennen.

Allgemein: Wir wollen im folgenden alle Funktionen $y = \sqrt[n]{T}$ (T beliebiger reeller
Term, $T \geqq 0$) als **Wurzelfunktionen** bezeichnen.

Beispiel: $y = f(x) = \sqrt{16 - x^2}$
a) Geben Sie $D(f)$ und $W(f)$ an.
b) Machen Sie eine Aussage über das Monotonieverhalten.
c) Zeichnen Sie den Graphen der Funktion.

———————————→ 170 B

172 G

Zeichnen Sie die Graphen der Funktionen

$$y = \sqrt{x} + 1; \quad y = \sqrt{x} - 2; \quad y = \sqrt{x} + \frac{3}{2},$$

und vergleichen Sie deren Lage mit dem Graphen von $y = \sqrt{x}$!

———————————→ 175 A

173 A

Die Wurzelfunktionen $y = \sqrt[n]{T}$ sind nicht mehr ständig monoton steigende Funktionen. Die Wertepaare $(0;0)$ und $(1;1)$ gehören nicht mehr zu allen Wurzelfunktionen
$y = \sqrt[n]{T}$.

——————→ 173 B

173 B

Vorkontrolle V 10 zu Transformation von Wurzelfunktionen

Lösen Sie folgende Aufgaben:

1. Geben Sie den Definitionsbereich der Funktion $y = \sqrt{7x - 2}$ an!

2. Wie ändert sich die Gleichung der Funktion $y = \sqrt{x}$, wenn man zur Funktion eine multiplikative Konstante a und eine additive Konstante c und außerdem zum Argument x der Funktion eine additive Konstante b hinzufügt? Schreiben Sie die veränderte Gleichung auf!

3. Welches Monotonieverhalten zeigt die Funktion

$$y = d\sqrt{x + f} \quad \text{für} \quad d > 0 \quad \text{und für} \quad d < 0?$$

4. Welche Änderungen gegenüber dem Graphen von $y = \sqrt[3]{x}$ zeigen die Graphen der folgenden Funktionen?

   a) $y = \sqrt[3]{x - 4}$ b) $y = \frac{1}{2}\sqrt[3]{x}$ c) $y = -3\sqrt[3]{x}$ d) $y = \sqrt[3]{x} + \frac{3}{2}$

   Antworten Sie: Der Graph zeigt gegenüber $y = \sqrt[3]{x}$ eine . . . .

5. Der abgebildete Graph ist aus
   $y = \sqrt{x}$ entstanden.
   Schreiben Sie die zum Graphen
   gehörige Funktion auf!

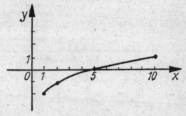

——————→ 171 B

173 C

Die Funktion $y = \sqrt{x}$ unterscheidet sich von den Funktionen

$$y = 3\sqrt{x} \; ; \quad y = \sqrt{x} + 4 \; ; \quad y = \frac{1}{2}\sqrt{x} \; ; \quad y = \sqrt{x - 2} \; ;$$

$$y = \sqrt{x + 5} \; ; \quad y = \sqrt{x} - 1$$

durch auftretende Konstanten.
Teilen Sie die auftretenden Konstanten in zwei Gruppen ein! ——————→ 174 A

174 A

$3; \frac{1}{2}$ sind **multiplikative Konstanten.**

$+4; -2; +5; -1$ sind **additive Konstanten** $(-1 = +(-1))$.
(Eine andere Gruppierungsmöglichkeit wäre auch:

-2 und $+5$ sind Konstanten unter der Wurzel, $3; +4; \frac{1}{2}; -1$ sind Konstanten außerhalb der Wurzel.)
Wir verfolgen die Einteilung in multiplikative und additive Konstanten weiter.
Wie unterscheiden sich die additiven Konstanten bei

$y = \sqrt{x} + 4$ und $y = \sqrt{x + 5}$? ———————→ 176 A

---

174 B

Der Graph von $y = \sqrt{x}$ wird um die Strecke der Länge c in Richtung der y-Achse verschoben.

Der Graph von $y = \sqrt{x}$ wird um c nach oben oder unten verschoben.
(Betrachten Sie beide Formulierungen als richtig.)

Die Gleichung lautet: $y = \sqrt{x} + c$.
Kannten Sie diese Beziehung zwischen der additiven Konstanten, die die Funktion verändert, und dem Graphen?
Wenn ja ———————→ 174 C
Wenn nein ———————→ 172 G

---

174 C

Wir nennen die auftretende „Verschiebung in Richtung y-Achse" eine **Transformation** des Graphen von $y = \sqrt{x}$.
Was für eine Transformation des Graphen von $y = \sqrt{x}$ wird durch eine additive Konstante b, die das Argument der Funktion verändert, bewirkt? ———————→ 176 B

174 D

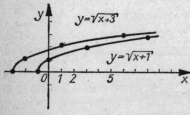

Haben Sie diese Graphen erhalten?
Ja ———————→ 175 B
Nein ———————→ 177 B

175 A

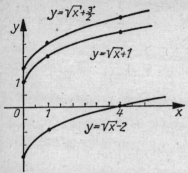

Die additive Konstante c, die die Funktion verändert, bewirkt eine „Verschiebung des Graphen von $y = \sqrt{x}$ in Richtung y-Achse" nach oben, wenn $c > 0$ ist, und nach unten, wenn $c < 0$ ist.

Die Graphen der Funktionen liegen parallelverschoben zum Graphen von $y = \sqrt{x}$ mit der Verschiebungsrichtung y-Achse. ───────⟶ 174 C

175 B

Zeichnen Sie die Graphen von $y = \sqrt{x - 1}$ und $y = \sqrt{x - 3}$!
Vergleichen Sie: Lage der erhaltenen Graphen und
$\qquad\qquad$ Vorzeichen der additiven Konstanten! ──────⟶ 177 A

175 C

Was für eine Transformation des Graphen von $y = \sqrt{x}$ bewirkt das Auftreten einer multiplikativen Konstanten $a > 0$, die die Funktion verändert?
──────⟶ 176 C

175 D

Zeichnen Sie die Graphen von $y = 3\sqrt{x}$ und $y = \frac{1}{2}\sqrt{x}$!

Vergleichen Sie die erhaltenen Graphen mit dem Graphen von $y = \sqrt{x}$.
Welcher Punkt bleibt bei der Transformation unverändert? ──────⟶ 177 C

175 E

Was für eine Transformation des Graphen von $y = \sqrt{x}$ bewirkt das Auftreten einer multiplikativen Konstanten (-1), die die Funktion verändert?
Welche Punkte bleiben bei dieser Transformation unberührt? ──────⟶ 179 A

176 A

Die additive Konstante +4 steht „außerhalb der Wurzel",
die additive Konstante +5 steht „unter der Wurzel".
Wir prägen uns die Formulierung ein:
+4 ist eine additive Konstante, die die *Funktion* verändert, sie verschiebt die Funktion in y-Richtung,
+5 ist eine additive Konstante, die das *Argument* der Funktion verändert, sie bewirkt eine Verschiebung in x-Richtung.
(Die Vorschrift „Radiziere" wird bei $y = \sqrt{x}$ auf das Argument „x" – bei dieser Vorschrift auch Radikand genannt – angewendet.)
Was bewirkt das Auftreten einer additiven Konstanten c, die die Funktion verändert, beim Graphen der Funktion

$y = \sqrt{x}$?

Wie heißt die Gleichung der veränderten Funktion? ——————→ 174 B

---

176 B

Durch eine additive Konstante b, die das Argument der Funktion verändert,
wird eine „Verschiebung in Richtung x-Achse" bewirkt, und zwar nach links, wenn
$b > 0$, und nach rechts, wenn $b < 0$ ist.
Kannten Sie diesen Zusammenhang zwischen dieser Transformation und der additiven
Konstanten, die das Argument der Funktion verändert?
Wenn ja ——————→ 175 C
Wenn nein, zeichnen Sie die Graphen von

$y = \sqrt{x + 1}$ und $y = \sqrt{x + 3}$! ——————→ 174 D

---

176 C

Das Auftreten einer multiplikativen Konstanten $a > 0$, die die Funktion verändert,
bewirkt eine „Streckung der Ordinaten des Graphen".
Für $a > 1$ vergrößern sich die Ordinaten der Kurvenpunkte, für $a < 1$ verkleinern sich
die Ordinaten der Kurvenpunkte. (Stauchungen für $a < 1$ sind Teilmenge der
Streckungen.)
War Ihnen der Zusammenhang zwischen der Transformation „Streckung in Richtung
y-Achse" und der multiplikativen Konstanten a, die die Funktion verändert, vollständig bekannt?
Wenn ja ——————→ 175 E
Wenn nein ——————→ 175 D

177 A

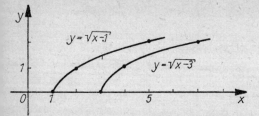

Die Abbildung zeigt den Graphen von $y = \sqrt{x}$ nach rechts verschoben, wenn die additive Konstante b ein negatives Vorzeichen hat.
(Für $b > 0$ gilt $x + (-b) = x - b$) ───────────→ 176 B

177 B

Für $x = -1$ bzw. $x = -3$ ist der Radikand gleich 0 und damit auch der Funktionswert $y = 0$. Die Punkte $(-1;0)$ bzw. $(-3;0)$ gehören zu den Graphen. Die Funktionswerte können bei positivem Radikanden ($x > -1$ bzw. $x > -3$) nur positiv sein. Für $x = 0$ ergibt sich $y = 1$ bzw. $y = \sqrt{3}$. Die Punkte $(0;1)$ bzw. $(0; \sqrt{3})$ gehören zu den Graphen.
Zeichnen Sie nun die Punkte ein, und verbinden Sie diese! ───────→ 174 D

177 C

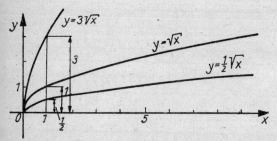

Die Abbildung zeigt den Graphen von $y = \sqrt{x}$ gestreckt (Verdreifachung der Ordinaten) oder gestaucht (Halbierung der Ordinaten). Entscheidend ist die Richtung, in der die Veränderungen vor sich gehen (Richtung der y-Achse).
Daher unterscheidet man nicht Streckung und Stauchung, sondern bezeichnet die Stauchung als „Streckung auf das $\frac{1}{2}$ fache".

Wichtig ist dabei, daß der Schnittpunkt mit der x-Achse (Nullstelle) unverändert bleibt. Seine Ordinate ist 0. und $0 \cdot a = 0$. Die Ordinate des Schnittpunktes mit der x-Achse ändert sich nicht, der Schnittpunkt bleibt unverändert. ───────→ 175 E

178 A

Geben Sie die zu den transformierten Graphen gehörigen Funktionen an!

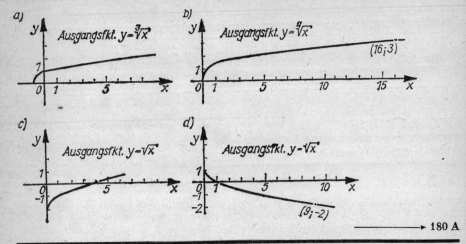

a) Ausgangsfkt. $y = \sqrt[3]{x}$

b) Ausgangsfkt. $y = \sqrt[4]{x}$ (16; 3)

c) Ausgangsfkt. $y = \sqrt{x}$

d) Ausgangsfkt. $y = \sqrt{x}$ (9; -2)

⟶ 180 A

178 B

Die Funktion heißt **Potenzfunktion**, x heißt **Basis**, n **Exponent**, y ist die **Potenz**.
Schreiben Sie jetzt eine Funktion auf, in der die Variable x nicht als Basis, sondern als
Exponent auftritt! ⟶ 180 D

178 C

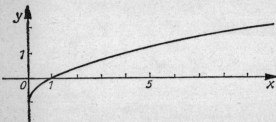

Sicher sehen Sie jetzt, daß dieser Graph durch Verschiebung nach unten aus $y = \sqrt{x}$
hervorging. Also gab es zwei Transformationen T_1 und T_2:

T_1 Verschiebung $y = \sqrt{x} \rightarrow y = \sqrt{x} - 1$,
T_2 Spiegelung $\bar{y} = \sqrt{x} - 1 \rightarrow \bar{\bar{y}} = (-1)[\sqrt{x} - 1]$
$\bar{y} = -\sqrt{x} + 1$

⟶ 180 B

179 A

Das Auftreten einer multiplikativen Konstanten (—1), die die Funktion verändert, bewirkt eine „Spiegelung des Graphen an der x-Achse".
Bei der Spiegelung an der x-Achse bleiben die Nullstellen des Graphen unberührt.

————————► 178 A

179 B

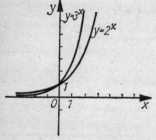

An diesen beiden Graphen können Sie Eigenschaften erkennen, die für alle Exponentialfunktionen zutreffen. Beantworten Sie dazu folgende Fragen:

a) Welchen Definitionsbereich $D(f)$ und Wertevorrat $W(f)$ haben alle Exponentialfunktionen?
b) Welche *wesentlichen* Eigenschaften aller Exponentialfunktionen entnehmen Sie dem Wertevorrat?
c) Warum schließen wir den Fall $a = 1$ aus (s. LS 180 D)?
d) Welchen markanten Punkt enthalten die Graphen *aller* Exponentialfunktionen?

————————► 181 A

179 C

Nimmt man an, es gäbe 2 verschiedene Werte, $x_1 \neq x_2$, so daß $a^{x_1} = a^{x_2} = y_1$ ist, dann erhält man

$$a^{x_1} = y_1 \, ,$$
$$a^{x_2} = y_1 \, ,$$

woraus sich durch Division dieser beiden Gleichungen

$$\frac{a^{x_1}}{a^{x_2}} = \frac{y_1}{y_1} = 1, \quad \text{d.h.,} \quad a^{x_1-x_2} = 1 = a^0, \quad \text{ergibt.}$$

Aus $a^{x_1-x_2} = a^0$ folgt aber $x_1 - x_2 = 0$, also $x_1 = x_2$ im Widerspruch zur obigen Annahme. Also folgt aus $x_1 = x_2$ stets $y_1 = a^{x_1} = y_2 = a^{x_2}$. Damit ist die Eineindeutigkeit der Funktion $y = a^x$ bewiesen.
Beantworten Sie folgende Frage:
In welcher Beziehung stehen die Graphen der Funktion $y = \left(\frac{1}{2}\right)^x$ und $y = 2^x$ zueinander?
Entwerfen Sie eine Skizze!

————————► 181 C

180 A

a) $y = \sqrt[3]{x + 1}$

b) $y = \frac{3}{2}\sqrt[4]{x}$

c) $y = \sqrt{x} - 2$

d) $y = (-1)\left[\sqrt{x} - 1\right]$ oder

$$y = -\sqrt{x} + 1$$

Bei Ihnen ist

a) falsch   — (174 C, 176   B) —► 178 A

b) falsch   — (175 C, 176   C) —► 178 A

c) falsch   — (172 G, 175   A) —► 178 A

d) falsch   —————————► 180 C

Wenn Sie keine Funktion richtig aufgeschrieben haben, dann sollten Sie den letzten Programmteil ab LS 173 C noch einmal sorgfältig durcharbeiten

—————————► 173 C

Wenn Sie alle Funktionen richtig aufgeschrieben haben, dann gehen Sie weiter mit

—————————► 180 B

180 B

Gegeben ist $y = x^n$.
Wie heißt diese Funktion?
Wie werden die Größen x, n, y bezeichnet? —————————► 178 B

180 C

Sicher sehen Sie am monotonen Fallen der Funktion, daß die Ausgangsfunktion $y = \sqrt{x}$ (monoton steigend) u. a. an der x-Achse gespiegelt wurde.
Spiegeln Sie den vorgelegten Graphen an der x-Achse —————————► 178 C

180 D

Diese Funktion lautet $y = a^x$.
(Falls Sie $y = n^x$ geschrieben haben, so ist das auch richtig, denn auf die Wahl des Buchstabens kommt es nicht an. Wesentlich ist nur, daß die Basis in diesem Falle eine Konstante ist.)
Die Funktion $y = a^x$ mit $a > 0$, $a \neq 1$ nennen wir eine **Exponentialfunktion**, weil die Variable als Exponent auftritt.
Zeichnen Sie die Graphen von $y = 2^x$ und $y = 3^x$ in dasselbe Koordinatensystem ein!
—————————► 179 B

180 E

Zeigen Sie, daß in $y = a^x$ für $x_1 \neq x_2$ auch gilt:
$y_1 \neq y_2$. (Beweis der Eineindeutigkeit der Funktion!)
Hinweis: Nehmen Sie an, für $x_1 \neq x_2$ sei $y_1 = y_2$, und beachten Sie die Potenzgesetze, insbesondere, daß $a^0 = 1$ ist! —————————► 179 C

181 A

a) $D(f) = \{x \mid -\infty < x < \infty\}$, $W(f) = \{y \mid 0 < y < \infty\}$

b) Alle Exponentialfunktionen haben *nur positive* Funktionswerte, ihre Graphen liegen im 1. und 2. Quadranten, der Wert $y = 0$ wird nicht angenommen. Es gibt also *keine Nullstellen*.

c) Für $a = 1$ wäre $y = 1^x = 1$. Das ist eine konstante Funktion, also keine Exponentialfunktion.

d) Die Graphen *aller* Exponentialfunktionen enthalten den Punkt $(0; 1)$.

Haben Sie alle Fragen sinngemäß richtig beantwortet?

Ja ————————————→ 180 E

Nein ————————————→ 181 B

---

181 B

Die richtigen Antworten zu den Fragen 179 B, a und 179 B, b finden Sie sofort, wenn Sie die Graphen in LS 179 B aufmerksam betrachten. Es gibt keine Stelle x, an der die Funktion nicht definiert ist, folglich ist $D(f) = \{x \mid -\infty < x < \infty\}$. Der Funktionswert y wird nirgends Null oder negativ, es werden jedoch alle positiven Werte angenommen, also ist

$W(f) = \{y \mid 0 < y < \infty\}$.

Antwort zu Frage c) wurde bereits in LS 181 A ausführlich gegeben.

Zu d): Setzt man in $y = a^x$ $(a > 0)$ die Variable $x = 0$, so wird $y = a^0 = 1$ für *alle* $a > 0$. Deshalb enthalten *alle* Exponentialfunktionen das Wertepaar $(0; 1)$.

————————————→ 180 E

---

181 C

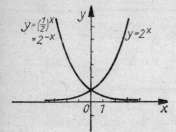

Der Graph von $y = \left(\dfrac{1}{2}\right)^x$ ist das Spiegelbild des Graphen von $y = 2^x$ bez. der y-Achse; denn für $x \rightarrow (-x)$ geht $y = 2^x$ über in $y = 2^{-x}$ und umgekehrt.

Sagen Sie etwas über die Monotonie der Exponentialfunktion aus!

————————————→ 183 A

182 A

a) $D(f) = \{x \mid 0 < x < \infty\}$ b) $W(f) = \{y \mid -\infty < y < \infty\}$

c) Es gibt *ein* markantes Wertepaar $(1;0)$.

Durch den Punkt mit den Koordinaten $x = 1$ und $y = 0$ gehen alle Graphen der Funktion $y = \log_a x$.

Haben Sie a), b) und c) richtig beantwortet?

Ja   ⟶ 182 C

Nein   ⟶ 182 B

182 B

Bezeichnet man $y = a^x = f(x)$ und $y = \log_a x = \bar{f}(x)$,

so gilt für $f(x) = a^x$: $D(f) = \{x \mid -\infty < x < \infty\}$,
$$W(f) = \{y \mid 0 < y < \infty\}.$$

Nach LS 125 B ist dann nach Vertauschung von x und y:

a) $W(f) \rightarrow D(\bar{f}) = \{x \mid 0 < x < \infty\}$ Definitionsbereich von $\bar{f}(x) = \log_a x$,

b) $D(f) \rightarrow W(\bar{f}) = \{y \mid -\infty < y < \infty\}$ Wertebereich von $\bar{f}(x) = \log_a x$.

c) In $y = a^x$ bezeichnet das Wertepaar $(0;1)$ den markanten Punkt dieser Funktion. Da $y = \log_a x$ durch Vertauschung von x und y hervorgeht, wird der markante Punkt der Logarithmusfunktion durch das Wertepaar $(1;0)$ bezeichnet.

⟶ 182 C

182 C

Sagen Sie etwas über die Monotonie der Logarithmusfunktion aus. Legen Sie dabei die Monotonie der Originalfunktion zugrunde! (LS 183 A) ⟶ 184 B

182 D

a) Stellt man $y = a^x$ nach x um, so folgt $x = \log_a y$.

Setzt man in der *letzten* Gleichung wieder $y = a^x$, so entsteht $x = \log_a a^x$.

b) Stellt man $y = a^x$ nach x um, so folgt $x = \log_a y$.

Setzt man diesen Ausdruck für x wieder in die *erste* Gleichung ein, so entsteht $y = a^{\log_a y}$. Ersetzt man hierin y durch x, so wird $x = a^{\log_a x}$.

Welche Gesetzmäßigkeit liegt diesen beiden Ergebnisgleichungen zugrunde?

⟶ 187 A

183 A

$y = a^x$ ist im *ganzen Definitionsbereich* für $0 < a < 1$ *streng monoton abnehmend* (fallend),
für $1 < a < \infty$ *streng monoton zunehmend* (steigend).
Wußten Sie das?   Ja

——————→ 183 C
— 181 C —→ 183 B

Nein

183 B

Sehen Sie sich die Graphen in LS 181 C an!
Dort gilt für $y = 2^x$:
Ist $x_2 > x_1$, so ist $f(x_2) > f(x_1)$,
denn aus $f(x_2) = 2^{x_2}$ und $f(x_1) = 2^{x_1}$ folgt $2^{x_2} > 2^{x_1}$.
Die Funktion ist im *ganzen Definitionsbereich* monoton *zunehmend*. Das gleiche gilt
für $y = a^x$, falls $a > 1$.

Für $y = \left(\dfrac{1}{2}\right)^x = 2^{-x}$ gilt:

Ist $x_2 > x_1$, so ist $f(x_2) < f(x_1)$;

denn aus $f(x_2) = \left(\dfrac{1}{2}\right)^{x_2} = \dfrac{1}{2^{x_2}}$ und $f(x_1) = \dfrac{1}{2^{x_1}}$

folgt wegen $2^{x_2} > 2^{x_1}$ die Ungleichung $\dfrac{1}{2^{x_2}} < \dfrac{1}{2^{x_1}}$.

Diese Funktion ist im *ganzen Definitionsbereich* monoton *abnehmend*. Das gleiche gilt
für $y = a^x$, falls $0 < a < 1$ ist!   ——————→ 183 C

183 C

Sie haben sich überzeugt, daß $y = a^x$ im ganzen Definitionsbereich für $a > 0$, $a \neq 1$
streng monoton ist. Nach LS 183 A gibt es also zu $y = a^x$ *stets eine Umkehrfunktion.*
(Für $a = 1$ wäre das nicht möglich.)
Wie heißt die Gleichung der Umkehrfunktion?   ——————→ 184 A

183 D

Fertigen Sie unter Verwendung der Graphen von $y = 2^x$ und $y = \left(\dfrac{1}{2}\right)^x$ in LS 181 C
Skizzen der Graphen von $y = \log_2 x$ und $y = \log_{\frac{1}{2}} x$ an!   ——————→ 185 A

184 A

Die Umkehrfunktion von $y = a^x (a > 0; a \neq 1)$ ist die **Logarithmusfunktion** zur Basis a; sie wird geschrieben:

$$y = \log_a x$$

(gesprochen: y ist der Logarithmus von x zur Basis a).
Da in $y = a^x$ für die Basis gilt: $a > 0$, $a \neq 1$, so gilt das ebenfalls für die Basis der Logarithmusfunktion.
Mit der Originalfunktion $y = a^x$ ist auch die Umkehrfunktion $y = \log_a x$ streng monoton.

Geben Sie jetzt für $y = \log_a x$ an:

a) $D(f)$, b) $W(f)$ c) markante Wertepaare,
soweit vorhanden!

──────► 182 A

---

184 B

Für $0 < a < 1$ sind Logarithmusfunktion und Originalfunktion
streng monoton abnehmend.

Für $a > 1$ sind Logarithmusfunktion und Originalfunktion
streng monoton zunehmend.

War Ihre Anwort richtig! Ja ──────► 183 D

Nein, dann wiederholen Sie die Lehrschritte 119 C und 124 A. Danach
──────► 184 C

---

184 C

Aus LS 119 C und 124 A folgt:

a) Für *streng monoton zunehmende* Funktionen gilt stets
$y_2 > y_1$, falls $x_2 > x_1$ ist.

Nach Vertauschen von x und y folgt für die Umkehrfunktion:
Es ist $y_2 > y_1$, falls $x_2 > x_1$ ist.

b) Für *streng monoton abnehmende* Funktionen gilt
$y_2 < y_1$, falls $x_2 > x_1$ ist.

Dann erhält man durch Vertauschen von x und y für die Umkehrfunktion:
$y_2 > y_1$, falls $x_2 < x_1$ gilt, oder was dasselbe bedeutet, $y_2 < y_1$, falls $x_2 > x_1$ gilt.

Das bedeutet: Das *Monotonieverhalten* von Originalfunktion und Umkehrfunktion
bleibt gleich!

Da $y = a^x$ für $0 < a < 1$ *streng monoton abnehmend* ist, ist die Umkehrfunktion
$y = \log_a x$ für $0 < a < 1$ ebenfalls *streng monoton abnehmend.*
Da $y = a^x$ für $a > 1$ *streng monoton zunehmend* ist, ist die Umkehrfunktion
$y = \log_a x$ für $a > 1$ ebenfalls *streng monoton zunehmend.* ──────► 183 D

185 A

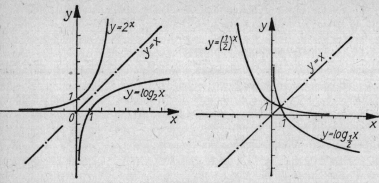

$y = 2^x$ und $y = \log_2 x$ sind im gesamten Definitionsbereich *beide streng monoton zunehmend.*

$y = (\frac{1}{2})^x$ und $y = \log_{\frac{1}{2}} x$ sind im gesamten Definitionsbereich *beide streng monoton abnehmend.* Die Graphen der Umkehrfunktionen $y = \log_2 x$ und $y = \log_{\frac{1}{2}} x$ entstehen aus den Originalfunktionen durch „Spiegelung an der Geraden $y = x$".

Aufgabe: Zeigen Sie, daß die beiden folgenden Beziehungen gelten:

a) $\log_a a^x = x$ b) $a^{\log_a x} = x$

————► 182 D

---

185 B

Lösung:

$y = f(x)$	Operation f	Umkehroperation $\bar{f}$	$x = \bar{f}[f(x)]$
$y = x - a$	Subtraktion von a	Addition von a	$x = (x - a) + a$
$y = 5x$	Multiplikation mit 5	Division durch 5	$x = \dfrac{5x}{5}$
$y = \dfrac{x}{r}$	Division durch r	Multiplikation mit r	$x = \dfrac{x}{r} r$
$y = x^5$	Potenzieren mit Exponent 5	Radizieren mit Exponent 5	$x = \sqrt[5]{x^5}$
$y = \sqrt[3]{x}$	Radizieren mit Exponent 3	Potenzieren mit Exponent 3	$x = (\sqrt[3]{x})^3$
$y = \lg x$	Logarithmieren zur Basis 10	Potenzieren zur Basis 10	$x = 10^{\lg x}$
$y = 5^x$	Potenzieren zur Basis 5	Logarithmieren zur Basis 5	$x = \log_5 5^x$
$y = 10^x$	Potenzieren zur Basis 10	Logarithmieren zur Basis 10	$x = \lg 10^x$

————► 186 A

186 A

Wir wollen uns im folgenden mit den **trigonometrischen Funktionen** beschäftigen. Überprüfen Sie an Hand der folgenden Aufgaben zunächst Ihr Wissen.

Vorkontrolle V 11 zu Trigonometrische Funktionen

1. Welche neue charakteristische Eigenschaft unterscheidet die trigonometrischen Funktionen von den behandelten Funktionen?

2. In der Analysis sind bei einer Funktion $y = f(x)$ sowohl x als auch y reelle Zahlen. Daher muß bei trigonometrischen Funktionen das Argument x als reelle Zahl, also im Bogenmaß ausgedrückt werden.

   Drücken Sie folgende Winkel im Bogenmaß aus!

   $360° \triangle \ldots$; $\quad 180° \triangle \ldots$; $\quad 90° \triangle \ldots$;
   $\quad 60° \triangle \ldots$; $\quad 72° \triangle \ldots$; $\quad 150° \triangle \ldots$

3. Für welche Argumente x (Bogenmaß!) haben die trigonometrischen Funktionen Nullstellen?

   $y = \sin x$ hat Nullstellen bei ....
   $y = \cos x$ hat Nullstellen bei ....
   $y = \tan x$ hat Nullstellen bei ....
   $y = \cot x$ hat Nullstellen bei ....

4. Tragen Sie die geltenden Funktionswerte in die freien Felder ein!

$y \diagdown x$	0	$\dfrac{\pi}{6}$	$\dfrac{\pi}{3}$	$\dfrac{\pi}{2}$	$\dfrac{2}{3}\pi$	$\dfrac{5}{4}\pi$	$\dfrac{5}{3}\pi$	$\dfrac{3}{4}\pi$	$\dfrac{3}{2}\pi$
$y = \sin x$									
$y = \cos x$									
$y = \tan x$				$\times$					$\times$
$y = \cot x$	$\times$								

Wenn Sie sich zur Behandlung der Aufgaben nicht in der Lage sehen, dann beginnen Sie mit dem Studium des nächsten Programmteils ──────► 186 B
Andernfalls bearbeiten Sie *alle* Aufgaben, bevor Sie die Ergebnisse ansehen!
Erst wenn Sie *alle* Ergebnisse notiert haben, dann ──────► 188 A

---

186 B

Notieren Sie die Ihnen bekannten trigonometrischen Funktionen.
Danach ──────► 189 A

187 A

Wendet man auf das *Argument* x eine *Operation* und *anschließend* die entsprechende *Umkehroperation* an, so erhält man das Argument explizit.

Unter „Operationen", die man auf das Argument x anwendet, versteht man z. B. Addition, Multiplikation, Division, Potenzieren, Radizieren, Logarithmieren. Zu jeder Operation gibt es genau eine „Umkehroperation". Durch diese Umkehroperation läßt sich die Operation, die man auf das Argument x angewendet hat, wieder aufheben, so daß das Ergebnis x ist;

z. B. $\underbrace{\underbrace{(x + 3)} - 3 = x}$ oder $\underbrace{\underbrace{\dfrac{x}{3}} \cdot 3 = x}$

$\qquad$ Addition $\qquad\qquad\qquad$ Division

$\qquad$ Subtraktion $\qquad\qquad$ Multiplikation

Überzeugen Sie sich anhand der folgenden Tabelle von dieser Gesetzmäßigkeit, indem Sie auf die Operation jeweils die Umkehroperation anwenden, so daß das Ergebnis wieder x ist. Vervollständigen Sie die Tabelle:

$y = f(x)$	Operation f	Umkehroperation f	$x = f[f(x)]$
$y = x - a$	Subtraktion von a	Addition von a	$x = (x - a) + a$ $= x$
$y = 5x$			$x =$
$y = \dfrac{x}{r}$			$x =$
$y = x^5$			$x =$
$y = \sqrt[3]{x}$			$x =$
$y = \lg x$			$x =$
$y = 5^x$			$x =$
$y = 10^x$			$x =$

$\longrightarrow$ 185 B

187 B

Es ist

$\left.\begin{array}{ll} \sin x = 0 & \text{für } x = k\pi \\[2mm] \cos x = 0 & \text{für } x = \dfrac{\pi}{2} + k\pi \\[2mm] \tan x = 0 & \text{für } x = k\pi \\[2mm] \cot x = 0 & \text{für } x = \dfrac{\pi}{2} + k\pi \end{array}\right\}$ mit $k = 0, \pm 1, \pm 2, \pm \ldots$

War Ihre Antwort richtig?

Ja, dann $\longrightarrow$ 191 B

Nein, dann $— 191\ A \longrightarrow$ 189 E

188 A

Ergebnisse zum Test „Trigonometrische Funktionen"

1. Die trigonometrischen Funktionen sind periodische Funktionen.
Diese Eigenschaft hatte keine der bisher behandelten Funktionen.

2. $360° \triangleq 2\pi$; $180° \triangleq \pi$; $90° \triangleq \dfrac{\pi}{2}$;

   $60° \triangleq \dfrac{\pi}{3}$; $72° \triangleq \dfrac{2}{5}\pi$; $15° \triangleq \dfrac{\pi}{12}$.

3. $y = \sin x$ hat Nullstellen bei $0; \pi; 2\pi; 3\pi; \ldots$

   oder bei $\qquad 0 + k\pi$ (k ganzzahlig)

   $y = \cos x$ hat Nullstellen bei $\dfrac{\pi}{2}; \dfrac{3}{2}\pi; \dfrac{5}{2}\pi; \dfrac{7}{2}\pi; \ldots$

   oder bei $\qquad \dfrac{\pi}{2} + k\pi$ (k ganzzahlig)

   $y = \tan x$ hat Nullstellen bei $0; \pi; 2\pi; 3\pi; \ldots$

   oder bei $\qquad 0 + k\pi$ (k ganzzahlig)

   $y = \cot x$ hat Nullstellen bei $\dfrac{\pi}{2} ; \dfrac{3}{2}\pi; \dfrac{5}{2}\pi; \dfrac{7}{2}\pi; \ldots$

   oder bei $\qquad \dfrac{\pi}{2} + k\pi$ (k ganzzahlig)

Jede der beiden Antwortgruppen zählt als richtige Antwort.

y \ x	0	$\dfrac{\pi}{6}$	$\dfrac{\pi}{3}$	$\dfrac{\pi}{2}$	$\dfrac{2}{3}\pi$	$\dfrac{5}{4}\pi$	$\dfrac{5}{3}\pi$	$\dfrac{3}{4}\pi$	$\dfrac{3}{2}\pi$
$y = \sin x$	0	$\dfrac{1}{2}$	$\dfrac{1}{2}\sqrt{3}$	1	$\dfrac{1}{2}\sqrt{3}$	$-\dfrac{1}{2}\sqrt{2}$	$-\dfrac{1}{2}\sqrt{3}$	$\dfrac{1}{2}\sqrt{2}$	-1
$y = \cos x$	1	$\dfrac{1}{2}\sqrt{3}$	$\dfrac{1}{2}$	0	$-\dfrac{1}{2}$	$-\dfrac{1}{2}\sqrt{2}$	$\dfrac{1}{2}$	$-\dfrac{1}{2}\sqrt{2}$	0
$y = \tan x$	0	$\dfrac{1}{3}\sqrt{3}$	$\sqrt{3}$	$\times$	$-\sqrt{3}$	1	$-\sqrt{3}$	-1	$\times$
$y = \cot x$	$\times$	$\sqrt{3}$	$\dfrac{1}{3}\sqrt{3}$	0	$-\dfrac{1}{3}\sqrt{3}$	1	$-\dfrac{1}{3}\sqrt{3}$	-1	0

Nur wenn Sie *alle* Ergebnisse richtig haben, können Sie sofort weiterarbeiten mit

$\longrightarrow$ 190 D

Wenn Sie *nicht alle* Ergebnisse richtig haben, dann empfehlen wir Ihnen ein gründliches Durcharbeiten des nächsten Programmabschnittes, da die sichere Beherrschung der trigonometrischen Funktionen eine wichtige Voraussetzung für ein erfolgreiches Studium ist. $\longrightarrow$ 186 B

189 A

Sie müßten 4 Funktionen kennen:

$y = \sin x$, $y = \cos x$, $y = \tan x$, $y = \cot x$.
$y = \tan x$ und $y = \cot x$ werden mit Hilfe der Funktionen
$y = \sin x$ und $y = \cos x$ definiert.

Geben Sie diese Definitionen an! ─────────► 190 A

189 B

Die trigonometrischen Funktionen sind **periodische** Funktionen. Geben Sie für die 4 trigonometrischen Funktionen ihre *kleinste* Periode an! ─────────► 190 B

189 C

Für $y = \sin x$ und $y = \cos x$ ist
$$D(f) = \{x \mid -\infty < x < \infty\}; \quad W(f) = \{y \mid -1 \leqq y \leqq 1\}$$

Für $y = \tan x$:
$$D(f) = \{x \mid -\infty < x < \infty; \quad x \neq \frac{\pi}{2} + k\pi \ (k = 0, \pm 1, \pm \ldots)\}$$
$$W(f) = \{y \mid -\infty < y < \infty\}$$

Für $y = \cot x$:
$$D(f) = \{x \mid -\infty < x < \infty; \quad x \neq k\pi \ (k = 0, \pm 1, \pm \ldots)\}$$
$$W(f) = \{y \mid -\infty < y < \infty\}$$

Haben Sie $D(f)$ und $W(f)$ richtig bestimmt?
Nein, dann zeichnen Sie die Graphen der 4 Funktionen.
Danach ─────────► 191 A
Ja, dann ─────────► 189 D

189 D

Geben Sie die Nullstellen der 4 Funktionen unter Berücksichtigung ihrer Periodizität an! ─────────► 187 B

189 E

Sehen Sie sich die Graphen der Funktionen in LS 191 A an!
Die Nullstellen für $y = \sin x$ liegen bei
$$x = \ldots -2\pi, -\pi, 0, \pi, 2\pi, 3\pi, \ldots = k\pi$$

mit $k = 0, \pm 1, \pm 2, \pm \ldots$
Lesen Sie die Nullstellen für die 3 restlichen Funktionen selbst ab!

─────────► 190 C

190 A

Definitionen der Funktionen $y = \tan x$ und $y = \cot x$:

$$y = \tan x := \frac{\sin x}{\cos x};$$

$$y = \cot x := \frac{\cos x}{\sin x}.$$

Daher ist

$$\tan x \cot x = \frac{\sin x}{\cos x}\ \frac{\cos x}{\sin x} = 1.$$

Welche charakteristische Eigenschaft, die bei den vorher betrachteten Funktionstypen *nicht* auftrat, zeichnet diese 4 trigonometrischen Funktionen aus?

$\longrightarrow$ 189 B

190 B

$y = \sin x$ und $y = \cos x$ haben die Periode 2π.
$y = \tan x$ und $y = \cot x$ haben die Periode π.

Es gilt:

$$\left.\begin{array}{l} \sin(x + 2k\pi) = \sin x \\ \cos(x + 2k\pi) = \cos x \\ \tan(x + k\pi) = \tan x \\ \cot(x + k\pi) = \cot x \end{array}\right\} \text{ für } k = 0, \pm 1, \pm 2, \pm \ldots$$

Geben Sie zu den Funktionen $y = \sin x$, $y = \cos x$,
$y = \tan x$, $y = \cot x$ jeweils Definitionsbereich und Wertevorrat an!

$\longrightarrow$ 189 C

190 C

Die Nullstellen für $y = \cos x$ sind

$$x = \ldots -3\frac{\pi}{2},\ -\frac{\pi}{2},\ \frac{\pi}{2},\ 3\frac{\pi}{2},\ 5\frac{\pi}{2}, \ldots = \frac{\pi}{2} + k\pi = (2k + 1)\frac{\pi}{2}$$

$y = \tan x$ wie bei $y = \sin x$, also $x = k\pi$

$y = \cot x$ wie bei $y = \cos x$, also $x = \frac{\pi}{2} + k\pi$

mit $k = 0,\ \pm 1,\ \pm 2,\ \pm \ldots$

$\longrightarrow$ 191 B

190 D

Wir wenden uns jetzt wieder den trigonometrischen Funktionen zu. Geben Sie die Monotonieintervalle der 4 Funktionen an, und zwar für

$y = \sin x$ im Bereich $-\pi < x < \pi$
$y = \cos x$ im Bereich $-\pi < x < \pi$
$y = \tan x$ im Bereich $-\frac{\pi}{2} < x < \frac{\pi}{2}$
$y = \cot x$ im Bereich $0 < x < \pi$

$\longrightarrow$ 192 A

191 A

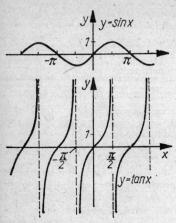

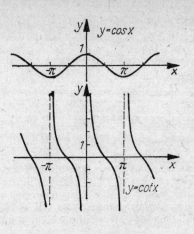

tan x ist an den Stellen

$x = \dfrac{\pi}{2} + k\pi \; (k = 0, \pm 1, \pm 2, \pm \ldots)$

nicht definiert (Pole)!

cot x ist an den Stellen

$x = k\pi \; (k = 0, \pm 1, \pm 2, \pm \ldots)$

nicht definiert (Pole)! ⟶ 189 D

---

191 B

Neben den Nullstellen müssen Ihnen die Funktionswerte für die markanten Abszissen-werte

$x = 0 , \; \dfrac{\pi}{6} \, (30°), \; \dfrac{\pi}{4} \, (45°), \; \dfrac{\pi}{3} \, (60°), \; \dfrac{\pi}{2} \, (90°)$

bekannt sein. Vervollständigen Sie deshalb die Tabelle:

x \\ y	0	$\dfrac{\pi}{6} \triangleq 30°$	$\dfrac{\pi}{4} \triangleq 45°$	$\dfrac{\pi}{3} \triangleq 60°$	$\dfrac{\pi}{2} \triangleq 90°$
sin x	0				
cos x					
tan x		$\dfrac{\sqrt{3}}{3}$			—
cot x	—				

⟶ 193 A

192 A

$y = \sin x$: $M_1(f) = \left\{ x \mid -\pi < x < -\dfrac{\pi}{2} \right\}$ monoton abnehmend ,

$M_2(f) = \left\{ x \mid -\dfrac{\pi}{2} \leqq x \leqq \dfrac{\pi}{2} \right\}$ monoton zunehmend ,

$M_3(f) = \left\{ x \mid \dfrac{\pi}{2} < x < \pi \right\}$ monoton abnehmend ,

$y = \cos x$: $M_1(f) = \{ x \mid -\pi < x < 0 \}$ monoton zunehmend ,

$M_2(f) = \{ x \mid 0 \leqq x < \pi \}$ monoton abnehmend ,

$y = \tan x$ ist im Bereich $\left\{ -\dfrac{\pi}{2} < x < \dfrac{\pi}{2} \right\}$ monoton zunehmend .

Diese Eigenschaft trifft für den gesamten Definitionsbereich, der aus Intervallen der Länge π besteht, zu.

$y = \cot x$ ist im Bereich $\{ 0 < x < \pi \}$ monoton abnehmend. Diese Eigenschaft trifft für den gesamten Definitionsbereich zu.

Konnten Sie die Monotonieverhältnisse aller Funktionen richtig angeben?

Ja —————————→ 193 B

Nein —————————→ 192 B

192 B

Sehen Sie sich die Graphen der 4 Funktionen in LS 191 A an, dann erkennen Sie, daß die Funktionswerte der Sinusfunktion abwechselnd wachsen und fallen. Das gleiche gilt für die Cosinusfunktion.

Überzeugen Sie sich, daß die Angaben in bezug auf diese Funktionen im LS 192 A richtig sind.

Wenn Sie den Graphen von $y = \tan x$ betrachten, erkennen Sie, daß die Funktion im Definitionsbereich stets zunimmt. $y = \cot x$ dagegen nimmt im Definitionsbereich stets ab. —————————→ 193 B

192 C

Aus $y = \sin x$ entsteht mit $a = \dfrac{1}{2}$ und $d = 1$

die neue Funktion $y = \dfrac{1}{2} \sin x + 1$.

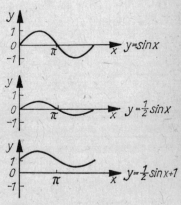

Prägen Sie sich diesen Zusammenhang zwischen Konstanten und Graphen gut ein.

—————————→ 195 A

193 A

Die vollständige Tabelle lautet:

y \ x	0	$\frac{\pi}{6} \triangleq 30°$	$\frac{\pi}{4} \triangleq 45°$	$\frac{\pi}{3} \triangleq 60°$	$\frac{\pi}{2} \triangleq 90°$
$\sin x$	0	$\frac{1}{2}$	$\frac{\sqrt{2}}{2}$	$\frac{\sqrt{3}}{2}$	1
$\cos x$	1	$\frac{\sqrt{3}}{2}$	$\frac{\sqrt{2}}{2}$	$\frac{1}{2}$	0
$\tan x$	0	$\frac{\sqrt{3}}{3}$	1	$\sqrt{3}$	—
$\cot x$	—	$\sqrt{3}$	1	$\frac{\sqrt{3}}{3}$	0

Prägen Sie sich diese Funktionswerte, die häufig benutzt werden, gut ein!

──────────► 190 D

193 B

Welchen Schluß ziehen Sie aus der Kenntnis der Monotonieverhältnisse der 4 trigonometrischen Funktionen in bezug auf die Existenz von Umkehrfunktionen?

─────────────► 194 A

193 C

a ist multiplikative, d additive Konstante der Funktion, b ist multiplikative, c additive Konstante des Arguments. Wir wollen im folgenden die Veränderungen einer Funktion und ihres Arguments untersuchen, wenn man multiplikative und additive Konstanten hinzufügt.

Gegeben sei $y = f(x)$. An einer bestimmten Stelle x_0 habe die Funktion den Wert $y_0 = f(x_0)$. Nun fügen wir zur Funktion eine multiplikative Konstante $a > 1$ hinzu, dann nimmt sie an der Stelle x_0 einen neuen Funktionswert an, den wir y_0^* nennen, und es ist $y_0^* = a \cdot f(x_0)$. Verändern wir diese Funktion an der Stelle x_0 durch eine additive Konstante $d > 0$, so entsteht $y_0^{**} = a \cdot f(x_0) + d$. Verfahren wir nun an jeder beliebigen Stelle der gegebenen Funktion ebenso, dann geht die Funktion $y = f(x)$ in die veränderte, neue Funktion $y = af(x) + d$ über.

Aufgabe: Geben Sie die Gleichung einer Funktion an, die durch eine multiplikative Konstante 3 und eine additive Konstante 2 verändert wird. ─────────► 194 B

194 A

Zu allen 4 trigonometrischen Funktionen existieren in ihren Monotonieintervallen Umkehrfunktionen. Sie werden sich später mit diesen Umkehrfunktionen, die man zyklometrische oder auch Arcus-Funktionen nennt, beschäftigen.
Betrachten Sie die Funktion $y = a \sin [b(x + c)] + d$.
Wir unterscheiden multiplikative und additive Konstanten der Funktion und multiplikative und additive Konstanten des Arguments.
Bezeichnen Sie danach die 4 Konstanten a, b, c, d der oben gegebenen Funktion!

─────────▶ 193 C

194 B

Die veränderte Gleichung ist $y = 3f(x) + 2$.
Der Graph der Ausgangsfunktion wird durch diese Konstanten ebenfalls verändert. Durch die multiplikative Konstante a wird er in y-Richtung auf das a-fache vergrößert (Vergrößerung aller Ordinaten) und durch die additive Konstante d nach oben (in positiver y-Richtung) verschoben.
Für $0 < a < 1$ werden alle Ordinaten verkleinert, für $d < 0$ wird der Graph nach unten verschoben.

Zeigen Sie diese Veränderungen am Beispiel der Funktion $y = \sin x$ für $a = \dfrac{1}{2}$ und $d = 1$ analytisch und grafisch.

─────────▶ 192 C

194 C

Wenn wir im folgenden von Transformationen (Streckungen, Verschiebungen) sprechen, so beziehen wir uns immer auf den Graphen der Ausgangsfunktion $y = f(x)$.
Beschreiben Sie die folgenden Transformationen, und zeichnen Sie die Graphen. Gehen Sie dabei immer von $y = \sin x$ bzw. $y = \cos x$ aus.

a) $y = 2 \sin x$, b) $y = \cos 2x$,

c) $y = \dfrac{1}{2} \cos x$, d) $y = \sin \dfrac{x}{2}$

─────────▶ 196 B

195 A

Wir bezeichnen im folgenden das „Vergrößern des Funktionswertes auf das a-fache"
als *Streckung der Ordinaten* des Graphen. Wir fassen die Stauchungen als Teilmenge der
Streckungen auf.

Ebenso nennen wir eine „Vergrößerung des Arguments x auf das b-fache" im folgenden
Streckung der Abszissen des Graphen der Funktion.

Die additiven Konstanten bewirken bei $y = a f(x) + d$ eine *Verschiebung* des Graphen:

$d > 0$ verschiebt den Graphen in y-Richtung nach oben.

$d < 0$ verschiebt den Graphen in y-Richtung nach unten.

Um bei dem Beispiel zu bleiben:

Die Ordinaten der Funktion $y = \sin x$ werden durch die multiplikative Konstante
$a = \frac{1}{2} < 1$ auf das $\frac{1}{2}$fache gestreckt und durch die additive Konstante $d = 1 > 0$ in
y-Richtung um 1 nach oben verschoben. ──────────▶ 195 B

195 B

Es sei $y = f(x)$ wieder eine gegebene Funktion.

Wenn man zum Argument x eine multiplikative Konstante $b > 1$ hinzufügt, so entsteht die veränderte Funktion $y = f(bx)$. An der Stelle x_0 habe die gegebene Funktion
den Wert y_0, also $y_0 = f(x_0)$. Die Stelle, an der die veränderte Funktion den gleichen
Funktionswert y_0 hat, nennen wir x_1, dann ist $y_0 = f(bx_1)$.

Folglich gilt:

$$y_0 = f(bx_1) = f(x_0)$$

$$bx_1 = x_0$$

$$x_1 = \frac{x_0}{b}$$

Das heißt, das Argument x_0 der gegebenen Funktion wird für $b > 1$ auf das $\frac{1}{b}$-fache

verkleinert, oder die Abszissen der Ausgangsfunktion werden auf das $\frac{1}{b}$-fache gestreckt.

Was wir für den Wert y_0 gesagt haben, gilt für jede beliebige Stelle und ihren zugehörigen Funktionswert y.

Folglich ist $y = f(bx)$ eine Funktion, die aus $y = f(x)$ durch *Streckung der Abszissen*

des Graphen auf das $\frac{1}{b}$-fache hervorgegangen ist.

Zeigen Sie jetzt die Veränderung der Funktion $y = \sin x$ für $b = 3$ analytisch und
grafisch. ──────────▶ 196 A

196 A

Die Funktion $y = \sin x$ geht für $b = 3$ über in die Funktion $y = \sin 3x$.

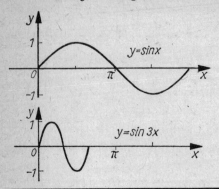

Die Abszissen des Graphen der Funktion $y = \sin x$ werden auf das $\frac{1}{3}$fache gestreckt, d. h., die Abszissen werden gedrittelt, die Ordinaten bleiben gleich.

$\longrightarrow$ 197 A

196 B

a) Streckung der Ordinaten der Funktion $y = \sin x$ in y-Richtung auf das 2fache (Verdoppelung der Amplitude)

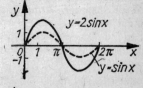

b) Streckung der Abszissen der Funktion $y = \cos x$ auf das $\frac{1}{2}$fache (Stauchung in x-Richtung auf die Hälfte)

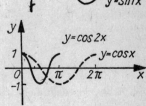

c) Streckung der Ordinaten der Funktion $y = \cos x$ auf das $\frac{1}{2}$fache (Halbierung der Amplitude)

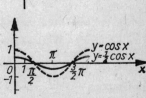

d) Streckung der Abszissen der Funktion $y = \sin x$ auf das 2fache.

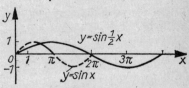

Haben Sie die gleichen Beschreibungen und die gleichen Graphen?
Ja
$\longrightarrow$ 198 C
Nein, dann orientieren Sie sich in LS 198 B
$-$ 198 B $\longrightarrow$ 198 C

197 A

$y = f(x)$ sei eine gegebene Funktion. Wir fügen jetzt zum Argument x dieser Funktion eine additive Konstante $c > 0$ hinzu. Es entsteht die veränderte Funktion $y = f(x + c)$. An der Stelle x_0 habe die gegebene Funktion den Wert y_0, also $y_0 = f(x_0)$.

Die Stelle, an der die veränderte Funktion den *gleichen* Funktionswert y_0 annimmt, nennen wir x_1, dann ist $y_0 = f(x_1 + c)$. Folglich gilt:

$$f(x_1 + c) = f(x_0)$$
$$x_1 + c = x_0$$
$$\underline{\underline{x_1 = x_0 - c\,.}}$$

Das heißt, die Stelle x_1 der veränderten Funktion geht aus der Stelle x_0 der gegebenen Funktion dadurch hervor, daß man das Argument der Ausgangsfunktion um c vermindert.

Zeichnerisch bedeutet das:
Der Graph der gegebenen Funktion (Ausgangsfunktion) wird für $c > 1$ in der x-Richtung um c nach links verschoben.

Verändern Sie die Funktion $y = \sin x$ mit $c = \dfrac{\pi}{2}$

analytisch und grafisch! ————————→ 198 A

197 B

Diese Veränderungen oder **Transformationen** gelten für alle Funktionen $y = f(x)$. Wir brauchen sie vor allem für die trigonometrischen Funktionen $y = \sin x$ und $y = \cos x$. Mit diesen beiden Funktionen werden in der Physik und in der Technik Schwingungsvorgänge dargestellt. So beschreibt zum Beispiel $y = A \sin \omega t$ den zeitlichen Verlauf einer sinusförmigen Schwingung. y ist die Elongation (momentaner Ausschlag), t die Zeit, beide Größen sind variabel.

Die Konstanten sind: die Amplitude A (größter Ausschlag), $\omega = 2\pi f$ die Kreisfrequenz, f die Frequenz. In $y = A \sin(\omega t + \varphi)$ ist φ die Phasenverschiebung.

$U = U_0 \sin \omega t + \overline{U}$ stellt eine Wechselspannung U dar, die mit einer Gleichspannung $\overline{U}$ überlagert ist. Für jeden Schwingungsvorgang haben die Konstanten A, ω, f, φ, $\overline{U}$ bestimmte Werte. Zur Beschreibung eines technischen Vorganges interessieren die analytische Form und die grafische Darstellung. Für diese Problematik lassen sich die soeben behandelten Transformationen vorteilhaft anwenden. ————————→ 194 C

198 A

Aus $y = \sin x$ entsteht mit $c = \dfrac{\pi}{2}$ die neue Funktion $y = \sin\left(x + \dfrac{\pi}{2}\right)$.

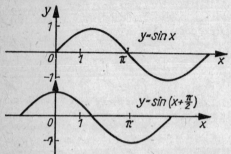

Die Funktion $y = \sin x$ wird in x-Richtung um $\dfrac{\pi}{2}$ nach links verschoben, die y-Werte bleiben unverändert.

───────── ► 198 B

---

198 B

Wir geben Ihnen eine Zusammenfassung der bisherigen Ergebnisse. Die folgenden Ausführungen beziehen sich immer auf den Graphen der gegebenen Funktion (Ausgangsfunktion) und auf den Graphen der veränderten (neuen) Funktion.

1. a) Eine *multiplikative Konstante* $a > 0$, angewendet auf die Funktion $y = f(x)$, bewirkt eine *Streckung* von $y = f(x)$ *in y-Richtung* auf das a-fache: $y = a \cdot f(x)$.

1. b) Eine *additive Konstante* d, angewendet auf die Funktion $y = f(x)$, bewirkt eine *Verschiebung* von $y = f(x)$ *in y-Richtung* um d: $y = f(x) + d$.

2. a) Eine *multiplikative Konstante* $b > 0$, angewendet auf das *Argument* x der Funktion $y = f(x)$, bewirkt eine *Streckung der Abszissen* von $y = f(x)$ auf das $\dfrac{1}{b}$-fache: $y = f(bx)$.

2. b) Eine *additive Konstante* c, angewendet auf das *Argument* x der Funktion $y = f(x)$, bewirkt eine *Verschiebung* von $y = f(x)$ *in Richtung der x-Achse* um $-c$: $y = f(x + c)$.

───────── ► 197 B

---

198 C

Beschreiben Sie die nachstehenden Transformationen, und zeichnen Sie die Graphen. Gehen Sie dabei von $y = \sin x$ bzw. $y = \cos x$ aus.

a) $y = \sin x + \dfrac{1}{2}$

b) $y = \cos x - 4$

c) $y = \cos\left(x + \dfrac{\pi}{2}\right)$

d) $y = \sin(x - \pi)$

─────────── ► 200 A

199 A

a) $y = 2 \sin \dfrac{x}{3}$

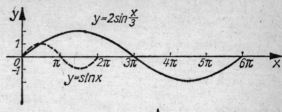

b) $y = \sin\left(x - \dfrac{\pi}{4}\right) + 2$

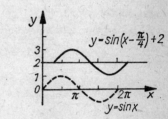

c) $y = \dfrac{3}{2} \sin\left(x + \dfrac{3}{2}\pi\right)$

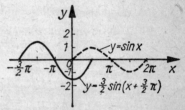

Wenn Sie nicht die gleichen Funktionen und die gleichen Graphen haben, dann orientieren Sie sich in LS 198 B

— 198 B ⟶ 199 B

Sonst
⟶ 199 B

199 B

In folgenden vier Abbildungen ist jeweils der Graph der Ausgangsfunktion gestrichelt, die veränderte Funktion ausgezogen gezeichnet.

Beschreiben Sie die Veränderungen, und geben Sie die analytischen Darstellungen (Gleichungen) der 4 Funktionen an.

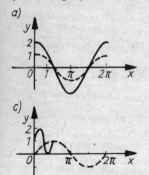

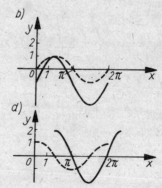

⟶ 201 A

200 A

a) Verschiebung der Funktion $y = \sin x$
  in y-Richtung um $\frac{1}{2}$ nach oben

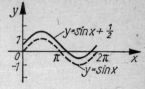

b) Verschiebung der Funktion $y = \cos x$
  in y-Richtung um 4 nach unten

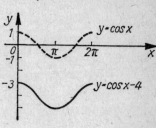

c) Verschiebung der Funktion $y = \cos x$
  in x-Richtung um $\frac{\pi}{2}$ nach links

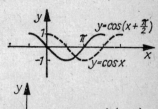

d) Verschiebung der Funktion $y = \sin x$
  in x-Richtung um π nach rechts

Wenn Sie die gleichen Beschreibungen und die gleichen Graphen haben,
dann $\longrightarrow$ 200 B
Sonst $-$ 198 B $\longrightarrow$ 200 B

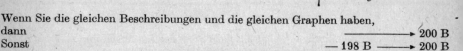

200 B

Gehen Sie aus von $y = \sin x$, und führen Sie die folgenden Transformationen analytisch und grafisch durch:

a) Die Abszissen der Funktion sollen auf das 3fache gestreckt, die Ordinaten sollen verdoppelt werden.

b) Die Funktion soll in x-Richtung um $\frac{\pi}{4}$ nach rechts und in y-Richtung um 2 nach oben verschoben werden.

c) Die Funktion soll in x-Richtung um $\frac{3}{2}\pi$ nach links verschoben, die Ordinaten sollen auf das 1,5fache gestreckt werden. $\longrightarrow$ 199 A

201 A

a) Streckung der Ordinaten von $y = \cos x$ auf das 2fache.

$y = 2 \cos x$

b) Streckung der Ordinaten von $y = \sin x$ auf das 2fache, Verschiebung in y-Richtung nach unten um 1.

$y = 2 \sin x - 1$

c) Streckung der Abszissen von $y = \sin x$ auf das $\frac{1}{4}$fache, Verschiebung in y-Richtung um 1 nach oben.

$y = \sin 4x + 1$

d) Streckung der Ordinaten von $y = \cos x$ auf das 2fache, Verschiebung in x-Richtung nach rechts um $\frac{\pi}{2}$.

$y = 2 \cos\left(x - \frac{\pi}{2}\right)$

Wenn Sie Fehler gemacht haben, dann orientieren Sie sich im LS 198 B

— 198 B ⟶ 201 B

Sonst ⟶ 201 B

201 B

Gegeben sei $y = f(x)$.
Eine Streckung der Ordinaten der Funktion auf das a-fache liefert die transformierte Funktion $y = a \cdot f(x)$ $(a > 0)$.
Welche Punkte bleiben bei einer Streckung der Ordinaten der Funktion $y = f(x)$ unverändert?
⟶ 203 A

201 C

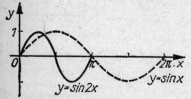

Die Abszissen der Ausgangsfunktion werden auf die Hälfte gestreckt.
Es ergibt sich $y = \sin 2x$.

Anschließend erfolgt die Verschiebung der gezeichneten Funktion um $\frac{1}{4}$ ihrer Periode, das entspricht $\frac{\pi}{4}$.

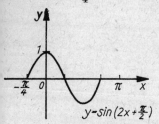

Überzeugen Sie sich, daß der Graph durch

$$y = \sin\left(2x + \frac{\pi}{2}\right)$$

bzw. $y = \sin 2\left(x + \frac{\pi}{4}\right)$

richtig beschrieben wird. ⟶ 205 A

202 A

$a = -1$ bewirkt eine **Spiegelung** der Funktion $y = f(x)$ an der x-Achse. Denn bei einer Streckung der Ordinaten bleibt x unverändert, d. h., die Funktion $y_1 = f(x)$ geht über in $y_2 = -f(x)$. Also ist $y_2 = -y_1$.

Zu jedem Punkt $P(x; y)$ der Ausgangsfunktion gibt es einen bezüglich der x-Achse symmetrisch gelegenen Punkt $P(x; -y)$ der veränderten Funktion.

$b = -1$ bewirkt eine **Spiegelung** der Funktion $y = f(x)$ an der y-Achse. Denn bei einer Streckung der Abszissen bleibt y unverändert. Das heißt, aus $y = f(x_1)$ entsteht die neue Funktion $y = f(-x_2)$, somit ist

$$f(x_1) = f(-x_2)$$
$$x_1 = -x_2$$
$$x_2 = -x_1 .$$

Zu jedem Punkt $P(x; y)$ der Ausgangsfunktion gibt es einen bezüglich der y-Achse symmetrisch gelegenen Punkt $P(-x; y)$ der veränderten Funktion.

─────────────► 202 B

202 B

Wir haben bisher je 2 Transformationen (Streckung und Verschiebung) kennengelernt, wobei wir uns auf je eine Transformation in einer Richtung beschränkt haben.

Man kann nun auch 2 Transformationen – eine Streckung und eine Verschiebung in der gleichen Richtung – nacheinander ausführen. Die Behandlung dieser Transformationen geht über den Rahmen eines Wiederholungsprogramms hinaus. Da aber solche Transformationen für physikalische Betrachtungen (Schwingungslehre, Elektrotechnik) wichtig sind, soll wenigstens an einem Beispiel das Nacheinanderausführen solcher Transformationen gezeigt werden.

Bei der Ausführung solcher Transformationen ist folgendes zu beachten:

Die *Reihenfolge* der Transformationen ist *nicht gleichgültig*. Im allgemeinen erhält man, je nachdem, ob man erst streckt und dann verschiebt oder ob man erst verschiebt und dann streckt, andere Ergebnisse. Deshalb muß die Reihenfolge festgelegt werden:

Erst strecken, dann verschieben.

─────────────► 203 D

203 A

Streckung der Ordinaten:

Alle Punkte, deren Abszissen die Gleichung $f(x) = 0$ erfüllen, bleiben unverändert, also alle Schnittpunkte der Funktion $y = f(x)$ mit der x-Achse.
Haben Sie die gleiche Antwort gefunden?

Nein, dann ———————————→ 203 B

Ja, dann ———————————→ 203 C

203 B

Streckung der Ordinaten:

Bei der Streckung der Ordinaten bleiben die Abszissen der Ausgangsfunktion und der veränderten Funktion die gleichen:

$$y_0 = f(x) \rightarrow y_1 = af(x) \quad (a > 0, a \neq 1)$$

Soll ein Punkt an der Stelle x unverändert bleiben, dann müssen auch die zugehörigen Funktionswerte gleich bleiben:

$y_0 = y_1$ oder

$f(x) = af(x)$

$f(x)(1 - a) = 0$

Wegen $a \neq 1$ erhält man $\underline{y = f(x) = 0}$. Das heißt, alle Punkte $P[x; 0]$ bleiben unverändert, das sind alle Schnittpunkte der Funktion $y = f(x)$ mit der x-Achse. **Festpunkte** bei der Streckung der Ordinaten der Funktion $y = f(x)$ sind alle Schnittpunkte des Graphen mit der x-Achse. ———————————→ 203 C

203 C

Eine Streckung der Abszissen der Funktion auf das b-fache liefert die transformierte Funktion $y = f(bx)$ $(b > 0)$.
Welche Punkte bleiben bei einer Streckung der Funktion $y = f(x)$ unverändert?

———————————→ 204 A

203 D

Die Funktion $y = \sin x$ soll in der x-Richtung auf das $\frac{1}{2}$fache gestreckt und anschließend um $\frac{1}{4}$ ihrer Periode nach links verschoben werden. Schwingungstechnisch bedeutet das eine Frequenzverdopplung und eine Phasenverschiebung.

Die Streckung liefert $y = \sin 2x$, die anschließende Verschiebung um $\frac{\pi}{2}$ liefert

$$y = \sin\left(2x + \frac{\pi}{2}\right) = \sin 2\left(x + \frac{\pi}{4}\right).$$

Stellen Sie die Transformation grafisch dar, indem Sie ebenfalls erst strecken.

———————————→ 201 C

204 A

Streckung der Abszissen:

Nur der Schnittpunkt der Funktion $y = f(x)$ mit der y-Achse bleibt unverändert:
$x = 0$: $y = f(0)$ oder $P[0; f(0)]$.
(Diesen Punkt nennt man **Festpunkt**.)

Haben Sie die gleiche Antwort gefunden?
Nein, dann ————————→ 204 B
Ja, dann ————————→ 204 C

204 B

Streckung in x-Richtung:

Bei der Streckung der Abszissen bleiben die Funktionswerte (y-Werte) der Ausgangs-funktion und der veränderten Funktion gleich: $y = f(x_1) \rightarrow y = f(bx_2)$. Soll ein Punkt durch die Transformation nicht geändert werden, so müssen auch die zu y gehörigen x-Werte *gleich* sein:

$x_1 = x_2 = x$. Dann folgt:
$y = f(x) = f(bx)$ oder
$x = bx$
$x(1 - b) = 0$,
und wenn $b \neq 1$ ist, muß $x = 0$ sein.

Der Punkt $P[0; f(0)]$ bleibt in jedem Fall unverändert, das ist aber der Schnittpunkt der Funktion $y = f(x)$ mit der y-Achse. Festpunkt bei der Streckung der Abszisse der Funktion $y = f(x)$ ist der Schnittpunkt des Graphen mit der y-Achse.

————————→ 204 C

204 C

Was bewirkt eine Streckung der Funktion $y = f(x)$, wenn in $y = a\,f(bx)$ $a = -1$ ist, und was bewirkt sie, wenn $b = -1$ ist. ————————→ 202 A

204 D

$y = \tan x = \dfrac{\sin x}{\cos x}$. Daher gilt, wenn man x durch $(-x)$ ersetzt, mit den Ergebnissen der LS 205 A, 207 A:

$$\tan(-x) = \frac{\sin(-x)}{\cos(-x)} = \frac{-\sin x}{\cos x} = -\tan x$$

und

$$\cot(-x) = \frac{\cos(-x)}{\sin(-x)} = \frac{\cos x}{-\sin x} = -\cot x$$

Welche Art der Symmetrie liegt für diese Funktionen vor? ————————→ 207 C

205 A

Ausgehend von den Spiegelungen trigonometrischer Funktionen, leiten wir im folgenden weitere wichtige Eigenschaften für Funktionen $y = f(x)$ her.
Betrachten Sie dazu die folgenden Graphen gespiegelter trigonometrischer Funktionen!

a) $y_1 = \sin x$
   $y_2 = \sin(-x)$

b) $y_2 = \sin(-x)$
   $y_3 = -\sin(-x)$

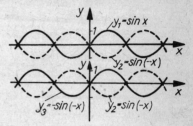

c) Vergleicht man die Graphen von a) und b) miteinander, so erkennt man sofort:

$y_3 = y_1$ oder

$-\sin(-x) = \sin x$

$\sin(-x) = -\sin x.$

Merke: Eine Funktion, die durch 2fache Spiegelung zuerst an der y-Achse, dann an der
x-Achse wieder in sich selbst übergeht, heißt **zentralsymmetrisch** in bezug auf
den Koordinatenursprung, weil die 2fache Spiegelung gleichbedeutend mit
einer Drehung der Ausgangsfunktion um den Koordinatenursprung um 180°
ist. Für zentralsymmetrische Funktionen gilt allgemein:

$$f(-x) = -f(x).$$

Spiegeln Sie jetzt $y_1 = \cos x$ an der y-Achse!
Nennen Sie die neue Funktion y_2, zeichnen Sie die Graphen beider Funktionen! Was
stellen Sie jetzt fest? ─────────→ 207 A

205 B

Welche der folgenden Funktionen sind gerade, ungerade oder sind weder gerade noch
ungerade?
Begründen Sie Ihre Entscheidung!

a) $y = x^2$

b) $y = \dfrac{1}{2} x^3$

c) $y = -\tan(-x)$

d) $y = \sin x + 2$

e) $y = x \sin x$

f) $y = x + \sin x$

g) $y = \sin(x + \pi)$

h) $y = \sqrt{9 - x^2}$

i) $y = x^2 + 2x - 1$

k) $y = e^x + e^{-x}$ ─────────→ 206 A

206 A

Die Funktionen a) $y = x^2$, e) $y = x \sin x$, h) $y = \sqrt{9 - x^2}$, k) $y = e^x + e^{-x}$ sind gerade, weil $f(-x) = f(x)$ ist.

Die Funktionen b) $y = \frac{1}{2} x^3$, c) $y = -\tan(-x)$, f) $y = x + \sin x$ und g) $y = \sin(x + \pi)$ sind ungerade, weil $f(-x) = -f(x)$ ist.

Die Funktionen d) $y = \sin x + 2$ und i) $y = x^2 + 2x - 1$ sind weder gerade noch ungerade.

Haben Sie ebenso entschieden?

Ja $\longrightarrow$ 206 C

Nein, dann $\longrightarrow$ 206 B

206 B

(Hinweis: Bearbeiten Sie nur die Fälle, in denen Sie Fehler gemacht haben!)

a) $f(-x) = (-x)^2 = x^2 = f(x)$, gerade Funktion,

b) $f(-x) = \frac{1}{2}(-x)^3 = -\frac{1}{2} x^3 = -f(x)$, ungerade Funktion,

c) $f(-x) = -\tan x = \tan(-x) = -f(x)$, ungerade Funktion,

d) $f(-x) = \sin(-x) + 2 = -\sin x + 2$,
   weder gerade noch ungerade Funktion,

e) $f(-x) = (-x)\sin(-x) = (-x)(-\sin x) = x \sin x = f(x)$, gerade Funktion,

f) $f(-x) = -x + \sin(-x) = -x - \sin x = -(x + \sin x) = -f(x)$,
   ungerade Funktion,

g) $f(-x) = \sin(-x + \pi) = \sin[-(x - \pi)] = -\sin(x - \pi) = -\sin(x - \pi + 2\pi) =$
   $= -\sin(x + \pi) = -f(x)$, ungerade Funktion,

h) $f(-x) = \sqrt{9 - (-x)^2} = \sqrt{9 - x^2} = f(x)$, gerade Funktion,

i) $f(-x) = (-x)^2 + 2(-x) - 1 = x^2 - 2x - 1$,
   weder gerade noch ungerade Funktion,

k) $f(-x) = e^{-x} + e^{-(-x)} = e^{-x} + e^x = e^x + e^{-x} = f(x)$, gerade Funktion.

$\longrightarrow$ 206 C

206 C

Zeichnen Sie die Graphen der folgenden Funktionen, und stellen Sie fest, ob die Funktionen gerade oder ungerade sind oder keine dieser Eigenschaften haben.
Begründen Sie anschließend Ihre Überlegungen durch Anwendung der Merksätze in LS 205 A und 207 A.

a) $y = -x$ b) $y = -x^2 + 4$

c) $y = \cos x + 3$ d) $y = x \cos x$ $\longrightarrow$ 209 A

207 A

$y_1 = \cos x$
$y_2 = \cos(-x)$
$y_1 = y_2$
$\cos(-x) = \cos x$

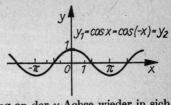

Merke: Eine Funktion, die durch einfache Spiegelung an der y-Achse wieder in sich selbst übergeht, heißt symmetrisch bezüglich der y-Achse.

Für Funktionen, die zur y-Achse symmetrisch sind, gilt:

$$f(-x) = f(x)$$ ———————→ 207 B

207 B

In LS 205 A haben Sie festgestellt, daß $\sin(-x) = -\sin x$ und in 207 A, daß $\cos(-x) = \cos x$ ist.

Benutzen Sie jetzt die Definitionen von $y = \tan x$ und $y = \cot x$ aus 190 A, und stellen Sie die entsprechenden Gleichungen für diese beiden Funktionen auf!

———————→ 204 D

207 C

Beide Funktionen sind zentralsymmetrisch, es gilt $f(-x) = -f(x)$.

Merke: Wir nennen eine Funktion $f(x)$, für die gilt:

    a) $f(-x) = f(x)$, eine **gerade Funktion**, ihr Graph ist symmetrisch zur y-Achse.
    b) $f(-x) = -f(x)$, eine **ungerade Funktion**, ihr Graph ist zentralsymmetrisch zum Koordinatenursprung.

Die Begriffe gerade und ungerade Funktion sind nicht auf trigonometrische Funktionen beschränkt. Wir haben deshalb in den LS 205 A und 207 A die allgemeine Formulierung aufgeschrieben.

———————→ 205 B

208 A

Zur Überprüfung der erworbenen Kenntnisse nun noch eine
Leistungskontrolle zu Abschnitt 7.:

---

1. Skizzieren Sie den Graphen einer gebrochenen rationalen Funktion, von der folgendes bekannt ist:

   Nullstellen: $x_1 = 1$, $x_2 = 5$
   Pole: $x_3 = -2$ (Pol gerader Ordnung)

   Schnittpunkt mit der y-Achse $y_S = 1$
   Für unbegrenzt wachsendes und fallendes x
   nähert sich der Graph der Kurve $y = 1$.

2. Zeichnen Sie den Graphen der Funktion $y = e^{x-2} + 3$, und geben Sie $D(f)$ und $W(f)$ an.

3. Gegeben $y = \lg x$.

   Was bewirken folgende Änderungen beim Graphen, bei $D(f)$ und $W(f)$?

   a) $y = 3 \lg x$
   b) $y = \lg 3x$
   c) $y = \lg(x - 2) - 1$.

4. Gegeben: $3 \sin\left(\frac{1}{2}x\right) + 2$.

   a) $D(f)$ und $W(f)$ sind anzugeben.
   b) Wieviel Teilfunktionen braucht man, um die Umkehrung der Funktion im Intervall $[0; 3\pi]$ anzugeben? Geben Sie für Ihre Antwort eine Begründung an!
   c) Ist die Funktion gerade oder ungerade oder weder gerade noch ungerade?
   d) Beantworten Sie Frage c) auch für

   $$y = 3 \sin \frac{1}{2}x .$$

————————➤ 210 A

a)

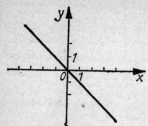

$y = -x$

Zentralsymmetrisch bez. O, also eine ungerade Funktion.
Es ist
$$f(-x) = -(-x) = x = -f(x).$$

b)

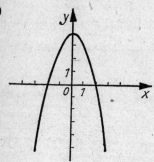

$y = -x^2 + 4$

Symmetrisch zur y-Achse, also eine gerade Funktion.
Es ist
$$f(-x) = -(-x)^2 + 4 = -x^2 + 4 = f(x).$$

c)

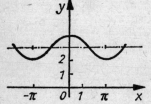

$y = \cos x + 3$

Symmetrisch zur y-Achse, also eine gerade Funktion.
Es ist
$$f(-x) = \cos(-x) + 3 = \cos x + 3 = f(x).$$

d)

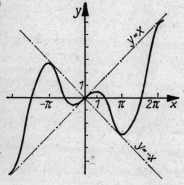

$y = x \cos x$

Zentralsymmetrisch, also eine ungerade Funktion. Es ist
$$f(-x) = (-x)\cos(-x) = -x \cos x = -f(x).$$

———————————— ▶ 208 A

1. 4 P

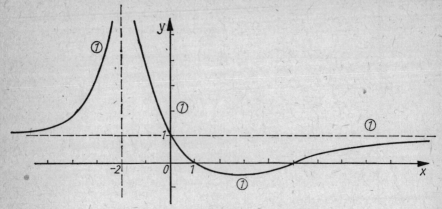

2. 5 P

$D(f) = \{x \mid -\infty < x < \infty\}$ ① $W(f) = \{y \mid 3 < y < \infty\}$ ①

3. a) Streckung in Richtung der y-Achse auf das Dreifache. 12 P
Keine Änderung von $D(f)$ und $W(f)$.①

b) Streckung in Richtung der x-Achse mit dem Faktor $\frac{1}{3}$. ①

Keine Änderung von $D(f)$ und $W(f)$. ①

c) Verschiebung in Richtung der x-Achse um 2 nach rechts und Verschiebung in
Richtung der y-Achse um 1 nach unten. ①
$D(f) = \{x \mid 2 < x < \infty\}$,① $W(f)$ unverändert. ①

4. a) $D(f) = \{x \mid -\infty < x < \infty\}$, $W(f) = \{y \mid -1 \leqq y \leqq 5\}$ ② 9 P
b) 2 Teilfunktionen, denn für
① $M_1 = \{x \mid 0 \leqq x < \pi\}$ steigt $f(x)$ streng monoton ① und für
① $M_2 = \{x \mid \pi \leqq x \leqq 3\pi\}$ fällt $f(x)$ streng monoton. ①
c) Die Funktion ist weder gerade noch ungerade. ①
d) Die Funktion ist ungerade. ①

────────► 211 A

211 A

Bewertung der Kontrolle

28—30 P.	Sie beherrschen den Stoff sehr gut.	————→ 211 B
25—27 P.	Sie haben sich den Inhalt des Programmteiles gut angeeignet.	————→ 211 B
18—24 P.	Sie haben den im Programm behandelten Stoff verstanden, beherrschen ihn aber nicht. Wir empfehlen Ihnen, sich die entsprechenden Lehrschritte noch einmal anzusehen. Danach	————→ 211 B
13—17 P.	Ihre Leistung ist mangelhaft. Wir empfehlen Ihnen, den letzten Teil des Programms noch einmal durchzuarbeiten.	————→ 180 B
0—12 P.	Ihre Leistung ist ungenügend. Arbeiten Sie den Programmteil „Funktionen" noch einmal gründlich durch.	————→ 105 A

211 B

Sie haben damit das Ende des Programms erreicht. Die Autoren hoffen, daß Ihnen durch die Wiederholung der Stoffgebiete „Gleichungen" und „Funktionen" der Beginn des Studiums erleichtert wird.

Einige Hinweise für den Lehrenden

Die programmierten Übungsmaterialien, aus denen dieses Wiederholungsprogramm „Gleichungen und Funktionen" hervorgegangen ist, sind in mehrjähriger Arbeit von einem Kollektiv erfahrener Lehrer, Methodiker, Assistenten und Dozenten entwickelt und vielfach erprobt worden. Die Materialien werden seit Jahren erfolgreich eingesetzt, allein an der Technischen Hochschule Karl-Marx-Stadt arbeiten damit jährlich etwa 700 Studenten, an der Bergakademie Freiberg 600.

Das Wiederholungsprogramm besteht aus sieben Abschnitten, die ersten drei entfallen auf den Teil „Gleichungen", der vierte widmet sich den „Ungleichungen", und in den letzten drei werden „Funktionen" behandelt.

Diese Einteilung (vgl. auch den bedruckten Vorsatz) und die relative Abgeschlossenheit der einzelnen Kapitel ermöglichen es dem Lehrenden, systematisch vorzugehen und unter Umständen nur die Abschnitte auszuwählen, die er für den programmierten Einsatz (im Rahmen einer didaktischen Gesamtkonzeption) vorgesehen hat. Bei individueller Abarbeitung des Programms ist ein planmäßiges Vorgehen mit sinnvoller Zeiteinteilung möglich. Auf die Bearbeitung der Abschnitte 1. und 5. sollte – auch wenn der Lernende sich in diesen Stoffgebieten sicher fühlt – nicht verzichtet werden. Die Vorkontrollen stellen eine große Hilfe dar bei der Entscheidung, ob der betreffende Abschnitt durchgearbeitet werden sollte oder nicht.

Von der Programmstruktur her sind die Abschnitte 1. bis 4. und 6. als verzweigt anzusehen, die übrigen sind im wesentlichen linear aufgebaut, obwohl auch hier Verzweigungselemente (da, wo sie sich als notwendig erweisen) nicht fehlen.

Die mittlere Bearbeitungszeit beträgt, falls keine Abschnitte ausgelassen werden, etwa 50 Stunden.

In Abhängigkeit vom eingeschlagenen Weg und von der individuellen Informationsverarbeitungsgeschwindigkeit kann diese Bearbeitungszeit zwischen 20 und 80 Stunden differieren.

Bei geplantem und kontrolliertem Einsatz dieses Wiederholungsprogramms werden Erfolge bei der Erreichung unserer Bildungs- und Erziehungsziele nicht ausbleiben.

Sachwortverzeichnis

Wir wiederholen

Von Dr. paed. Alfred Hilbert · Diese Reihe umfaßt 8 Bände.

Differential- und Integralrechnung

2. Auflage · Broschur 4,80 M · Bestellangabe: 5467042 Hilbert, Integral.

In diesem Büchlein wird, aufbauend auf dem Funktionsbegriff, das Wesentliche der Differential- und Integralrechnung mit einer Variablen übersichtlich dargestellt. Besonderer Raum ist der Kurvendiskussion und den Extremwertaufgaben gewidmet. In entsprechender Weise werden die wichtigsten Integrationsmethoden und die Anwendungen der Integralrechnung dargestellt.

Ebene Geometrie

2. Auflage · Broschur 8,80 M · Bestellangabe: 5468803 Hilbert, Ebene Geometrie

Ausgehend vom Euklid-Hilbertschen Axiomensystem, werden Grundkenntnisse über Dreiecke, Vierecke, n-Ecke und den Kreis vermittelt und an Konstruktions- und Berechnungsaufgaben erläutert. Das Beweisen geometrischer Aussagen, das Konstruieren und Berechnen geometrischer Figuren bilden die Schwerpunkte der Broschüre.

Funktionen

2. Auflage · Broschur 6,80 M · Bestellangabe: 5467069 Hilbert, Funktionen

Aus dem Inhalt: Zum Funktionsbegriff – Allgemeine Eigenschaften von Funktionen – Verknüpfung von reellen Funktionen – Geometrische Transformationen der Graphen reeller Funktionen – Rationale Funktionen – Irrationale Funktionen – Transzendente Funktionen – Zahlenfolgen – Grenzwerte, Stetigkeit

Gleichungen und Ungleichungen

3. Auflage · Broschur 4,80 M · ISBN 3-343-00234-8 · Bestellangabe: 5466584 Hilbert, Gleichungen

Dieses Büchlein faßt die Gleichungslehre zusammen: Grundbegriffe – Algebraische und transzendente Gleichungen – Näherungsverfahren – Ungleichungen. Zahlreiche durchgerechnete Beispiele verdeutlichen die Ausführungen. An Hand von Aufgaben, zu denen Lösungen angegeben werden, kann der Leser sein Wissen prüfen.

Gleichungssysteme

3. Auflage · Broschur 4,80 M · ISBN 3-343-00235-6 · Bestellangabe: 5466592 Hilbert, Gleichungssyst.

Dieses Heft stellt verschiedene Verfahren zur Lösung linearer Gleichungssysteme zusammen: Additions- und Substitutionsverfahren – Gaußscher Algorithmus (auch in verketteter Form) – Austauschverfahren (einschließlich Spaltentilgung) – Lösung mit Hilfe von Determinanten.

Räumliche Geometrie

2. Auflage · Broschur 4,80 M · ISBN 3-343-00122-8 · Bestellangabe: 5468301 Hilbert, Räumliche Geom.

In dieser Broschüre werden die einzelnen geometrischen Körper (Würfel, Quader, Prisma, Zylinder, Kegel, Pyramide, Pyramidenstumpf, Kugel, Kugelteile usw.) sowohl im Bild als auch in der Berechnung dargestellt. An Hand der Aufgaben, zu denen Lösungen angegeben sind, kann der Leser seinen Wissensstand prüfen.

Vektorrechnung

3. Auflage · Broschur 4,80 M · ISBN 3-343-00236-4 · Bestellangabe: 5466605 Hilbert, Vektorrechnung

In dieser Broschüre wird, aufbauend auf dem Begriff „Vektorraum über dem Körper der reellen Zahlen" der Leser an typische Aufgabenstellungen der Vektorrechnung herangeführt, die in der analytischen Geometrie der Geraden und der Ebene auftreten.

Wahrscheinlichkeitsrechnung

2. Auflage · Broschur 4,80 M · Bestellangabe: 5467077 Hilbert, Wahrscheinlichk.

Dieses Büchlein faßt die Wahrscheinlichkeitsrechnung zusammen. Aus dem Inhalt: Beschreibende Statistik – Kombinatorik – Aus der Wahrscheinlichkeitsrechnung.

Unsere Bücher sind durch den Buchhandel zu beziehen.

VEB FACHBUCHVERLAG LEIPZIG